U0334558

新疆杏
基因资源及其表型研究

郭　玲　罗华平/著

东北林业大学出版社
Northeast Forestry University Press
·哈尔滨·

图书在版编目(CIP)数据

新疆杏基因资源及其表型研究 / 郭玲 , 罗华平著 .
— 哈尔滨 : 东北林业大学出版社 , 2021.7
ISBN 978-7-5674-2525-5

Ⅰ . ①新… Ⅱ . ①郭… ②罗… Ⅲ . ①杏－遗传育种
—研究—新疆 Ⅳ . ① S662.232

中国版本图书馆 CIP 数据核字 (2021) 第 151879 号

责任编辑: 刘天杰
封面设计: 马静静
出版发行: 东北林业大学出版社
　　　　　（哈尔滨市香坊区哈平六道街 6 号　邮编:150040）
印　　装: 三河市德贤弘印务有限公司
规　　格: 170 mm×240 mm　16 开
印　　张: 9.25
字　　数: 155 千字
版　　次: 2022 年 4 月第 1 版
印　　次: 2022 年 4 月第 1 次印刷
定　　价: 38.00 元

前　言

　　新疆蕴藏着丰富的杏（亚）属（*Prunus armeniaca* L. 或 *Armeniaca Mill.*）植物资源。杏是新疆最古老的果树之一，其果实酸甜可口，被誉为"夏果之王"，果实可以鲜食、制干、制酱、制脯，果仁多为甜仁，具有较高的经济效益和营养价值。据 2019 年新疆统计年鉴报道，新疆南部已形成 11.1 万公顷栽培杏产区，年产量 93.3 万吨，面积和产量居全国首位，在国际杏产品市场中占据重要地位。

　　本书以新疆杏基因资源表型鉴定研究为突破口，以种仁中的苦杏仁苷的特色功能成分和重要农艺性状为切入点，通过基因型鉴定和表型精细鉴定新疆杏种质，筛选特异杏基因资源；运用个体、群体试材及其取样策略，基于全基因组鉴定、DNA 条形码和简化基因组测序技术筛选鉴定杏基因种质，基于多组学和大数据挖掘功能成分和重要农艺性状基因材料。首次对南疆地区的杏的各个品种中苦杏仁苷含量和杏仁的甜苦感官评价进行系统研究和分级，并通过分子证据、孢粉学、代谢组学数据解析紫杏的分类地位，对新疆栽培杏资源进行精细评价和鉴定。

　　本书受到国家重点研发项目：特色经济林优异种质发掘和精细评价项目的支持（2019YFD1000600）（基于 DNA 条形码和 RAD-seq/SNP 的新疆杏种质的遗传多样性及其起源和演化研究）；受到国家自然科学基金委项目南疆（原产）栽培杏（*Prunus armeniaca* L.）的驯化起源及甜仁性状定向选择研究（No. 31760560）的资助。在此，谨以此书表示感谢！感谢本研究团队的研究生徐嘉翊、黄雪的大力支持；另外，本科生姜萌薇、杨嘉玲、王蕊在杏果品的研究中投入了精力，在此也一一表示感谢。

　　本书在编写的过程中参考了许多文献，在此向这些优秀的学者表达衷心的感谢。由于编写时间仓促，加之编者学识水平有限，编写内容中可能有不妥之处，敬请广大读者给予批评指正，提出宝贵意见。

作　者
2021 年 4 月

目　录

第1章　基于光谱技术的杏可溶性固形物检测研究

1.1　课题的提出

由于人们的生活水平逐渐提高,在购买水果时不仅考虑其色泽、大小、形状等外在品质,而且还会考虑果实风味及营养成分等内在品质。新鲜果品的可溶性固形物含量是判断其内在品质、成熟度和商品性的重要指标之一。杏被誉为"夏果之王",新疆杏果皮薄、肉厚味浓、糖酸度适宜、营养价值丰富,内含较多蛋白质以及钙、磷等矿物质,另含有丰富的维生素族成分,很受消费者喜爱。杏原产我国,是重要经济果树树种,起源中心(多样化中心或基因中心)在我国新疆。新疆是我国及世界的重要杏产区。杏具有适应性强、果实早熟、栽培管理容易等的特点,常以杏麦间作、杏棉间作,因其经济效益高、生态效益明显等特性,被广泛种植。据 2018 年新疆统计年鉴,杏种植面积已达 1.11 万 hm^2,产量达 9.3 万 t,成为当地农民重要的经济来源。但是,杏品质的常规检测既是破坏性检测又费时费力,采收人员在采摘时往往凭借经验进行检测;存在误差大、效率低的弊端,在一定程度上制约了杏产业的销售市场。因此,能够无损、快速检测杏果实的可溶性固形物含量,对新疆杏产业的发展具有重要意义。为开展杏果实品质快速无损检测技术应用研究,通过在波长范围为 1 000 ~ 1 800 nm 和 900 ~ 1 700 nm 采用偏最小二乘法分别建立基于近红外光谱和高光谱技术的杏可溶性固形物的预测模型。

1.2　前人研究进展

无损检测技术被广泛用于农产品检测中。近红外光谱技术和高光谱技术都是经常用于品质鉴定的两种无损检测技术,通过这两个技术均能简单、快速、准确、无损地检测果实品质。近红外光谱分析技术是光谱测量技术和化学计量学学科的有机结合,具有多组分同时分析等优点;高光谱成像技术可将图像和光谱信息结合,既能获取被测样品在不同波长上的图像信息,又能获得不同空间点上的光谱信息,能全面地获取样本信息,适合在线处理。这两种无损检测技术在农产品品质检测、分级等方面均有很大的潜质。本书将研究基于近红外光谱技术和高光谱技术测定杏的可溶性固形物,旨在分别建立杏可溶性固形物含量测定的数学模型后比较两种检测方式的差异以选择较优方法来检测杏品质。为杏品质无损检测提供技术支持。

1.3　材料与方法

1.3.1　试验材料

首先挑选个体均匀、无任何损伤的120个成熟果实样品,将样品用流水洗净再用蒸馏水冲洗2次,然后放于试验室自然晾干。为排除温度及其他环境因素对试验结果的干扰,将样品置于室内,保持室温。

1.3.2　试验仪器与设备

实验采用SupNIR-1500聚光科技便携式光栅扫描光谱仪(聚光科技杭州股份有限公司)、Hyperspectral Sorting System高光谱分选仪(北京卓立汉光公司)采集光谱;使用PAL-1Cat.No.3810型数字手持折射仪(日本Atago公司)对杏果实可溶性固形物测量。建模软件为

TQAnalystV8.0 光谱分析软件 ENVI5.3。

1.3.3 试验方法

1.3.3.1 近红外光谱采集

采用近红外光谱无损检测仪采集近红外光谱,其波长范围为 1 000 ~ 1 800 nm,波长准确性 ±0.2 nm,波长重复性 ≤ 0.05 nm,光谱分辨率 ≤ 12 nm,杂散光 <0.15%。光谱扫描前检查仪器排除其他因素干扰、进行调试,预热 30 min 后采集果实的光谱。采集样本光谱时,光源距果实表面的垂直距离约为 2 cm,在果实横径最大处进行光谱采集。同一果实样品完成一次光谱采集后将其旋转 180° 后,采集另一果面光谱信息,共采集得到 240 个果实的光谱信息。

1.3.3.2 高光谱图像采集

利用高光谱分选仪采集杏样品光谱信息。光谱范围为 900 ~ 1 700 nm、标准波段 256 个、分辨率 5 nm、相机满帧像素 320×256、帧速 100 fps、曝光时间 20.6 ms、相机高度 35 cm。光谱扫描前检查仪器排除其他因素干扰、进行调试,黑白校正后采集果实的数据。将 120 个样品按照顺序分为 10 组,与近红外光谱采集顺序一致,一次性采集 12 个杏果实沿腹缝线对称处一面的数据。一组果实样品完成一次光谱采集后将其旋转 180° 采集另一果面光谱信息。

1.3.3.3 可溶性固形物含量测定

用数字手持折射仪测定 120 个样品的可溶性固形物含量。分别测定与采集光谱相应位置的可溶性固形物含量,作为样品可溶性固形物含量的真实值。

1.3.3.4 光谱预处理与建模方法

近红外光谱预处理与建模,首先将采集的果实可溶性固形物的光谱信息与测定的可溶性固形物含量数据导入 TQAnalystV8.0 光谱分析软件。剔除异常光谱,将 240 个样本作为建模集,划分校正集和预测集。

选择经典最小二乘法、多元线性回归法、偏最小二乘法、主成分回归法等预处理方法,再通过使用求导、标准正态变量变换(SNV)、多元散射校正(MSC)等方法对光谱进行预处理。利用设置模型参数,确定主因子数,定标模型精度的评价用定标建模的相关系数,校正集标准偏差和预测集标准偏差作为评价指标,以定标建模的交互验证均方根误差,确定最佳主因子数以优化模型参数。再通过预测集标准偏差来评价模型的预测精确度,得到最优模型。

高光谱光谱预处理,消除样品表面颗粒不均匀而产生的噪声,从而突出组分与光谱反射率的相关性,提高建模精度。建模是在光谱图像采集后使用 ENVI5.3 导入采集的图像,提取感兴趣区域特征光谱。然后将高光谱信息导出,用 TQAnalystV8.0 建模软件建立数学模型。光谱预处理及建模方法与近红外一致,同样得到最优模型。

1.4　结果与分析

1.4.1 杏果实可溶性固形物含量

由表 1-1 可知,样品的可溶性固形物含量变异范围是 14.9% ~ 21.7%,其包括了杏可溶性固形物含量的基本特征。通过该范围可实现基于近红外光谱与高光谱技术的可溶性固形物含量的数学模型建立及依据此范围内可溶性固形物含量信息进行模型校正。同时,样本均值 18.1%说明实验所用杏样品可溶性固形物含量高,有一定的研究价值。样本间标准差 1.311 6,样本集离散程度低,数据差异不大,且变异系数 0.072 4,能够直接反映所选取样本的均一性,都确保了所建立模型的准确性和稳定性。

表 1-1　杏果实可溶性固形物含量

样本数	均值(%)	范围(%)	标准差	变异系数
240	18.1	14.9 ~ 21.7	1.311 6	0.072 4

1.4.2 原始光谱图像

1.4.2.1 近红外原始光谱图像

将杏的测定样本原始光谱中,得到的光谱如图 1-1 所示,横坐标为波长(Wavelength),波长范围 1 000 ~ 1 800 nm,保证了该区域光谱波长的准确性。纵坐标为光谱吸光度(Absorbance),光谱吸光度范围 0.8 ~ 2.1。以波峰来看,在全波范围内该光谱曲线的特征光谱为 1 450 nm,此范围各个样本具有相同的吸收峰,但可溶性固形物含量不同吸收峰的吸光度存在差异。

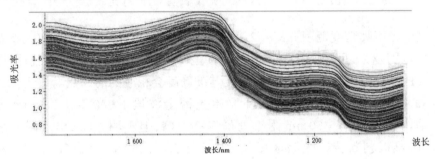

图 1-1　杏果实近红外光谱图

1.4.2.2 高光谱原始光谱图像

由于仪器本身存在暗电流和光照在杏果实表面上不均匀,会对高光谱采集造成影响。因此需要在同等条件下采集白帧 W 与黑帧 B,对采集的光谱图像进行黑白校正,以消除噪影保证试验的准确性。黑白校正的公式如下:

$$R=(I-B)/(W-B) \tag{1-1}$$

式中 R 是校正后的图像;I 是原始图像。

在 ENVI 中打开杏高光谱图像,选取表面的感兴趣区域(ROI),ROI 区域的形状和大小对光谱有一定影响,多点平滑后该区域的平均光谱,作为该区域的光谱导出。将高光谱图像 ROI 区域的光谱导入 TQAnalystV8.0 软件建模,得到原始光谱图像。横坐标为波长,波长范围 900 ~ 1 700 nm,纵坐标为光谱吸光度,高光谱吸光度范围 200 ~ 1 600。高光谱波峰较为明显,存在三处特征峰分别为 1 100 nm、1 300 nm、

1 600nm。

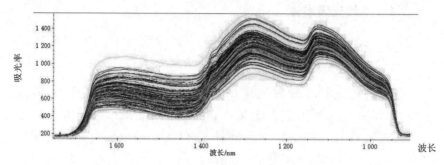

图 1-2　杏果实高光谱感兴趣区域光谱图

1.4.2.3 近红外与高光谱原始光谱图像分析对比

光谱吸光度范围 0.8 ～ 2.1,高光谱吸光度范围 200 ～ 1 600;吸光度范围越大,可用于检测样品的线性范围也越大,则高光谱能够检测样品的线性范围大,则相对的精密度与准确度会相应的高一点。

由图 1-1 可知,在近红外原始光谱全波段 1 000 ～ 1 800 nm 范围内,光谱在 1 450 nm 附近处虽有特征峰,但不明显,未出现明显波峰,难以判断特征光谱区域。而由图 1-2 可以看出,在高光谱波长范围 900 ～ 1 700 nm 中,存在三处明显的特征峰 1 100 nm、1 300 nm、1 600 nm。因此可知高光谱图像波长包含范围广、波段比较多,特征波峰明显,且能够一次采集大量光谱信息。

近红外光谱与高光谱测定时均受环境掌控的差异、样品本身颗粒大小、表面光度及表皮厚度等噪声因素影响,致使原始光谱出现光谱重叠现象。

1.4.3 光谱预处理

1.4.3.1　近红外光谱预处理

使用 TQAnalystV8.0 将杏的测定样本原始光谱进行预处理,连续剔除异常光谱,共剔除 10 个异常光谱。光谱预处理方法包括如求导、标准正态变量变换、多元散射校正等,这些方法可以单独使用也可以结合在一起使用。对光谱分别使用预处理的方法分别优化模型,通过建模的相关系数越大,校正集标准偏差及预测集标准偏差越小模型的预测能力和推广能力越好来评价预处理效果。

因此,通过使用多元散射校正、标准正态变量变换及导数的光谱预处理方法后,比较各方法光谱预处理所得模型相关系数,校正集标准偏差及预测集标准偏差,如表 1-2 所示。得到标准正态变量变换法相关系数 0.886 20 最高,校正集标准偏差、预测集标准偏差分别为 0.603、0.967,较其他方法更优。因此近红外光谱采用标准正态变量变换法是最佳的光谱预处理方法。

表 1-2　近红外光谱预处理方法

光谱预处理方法	相关系数	校正集标准偏差	预测集标准偏差	主因子数
MSC+ 原始光谱	0.883 95	0.608	0.959	7
MSC+ 一阶导数	0.868 40	0.645	1.580	3
MSC+ 二阶导数	0.700 75	0.928	1.730	1
SNV+ 原始光谱	0.886 20	0.603	0.967	7
SNV+ 一阶导数	0.868 79	0.644	1.590	3
SNV+ 二阶导数	0.700 79	0.928	1.730	1

1.4.3.2　高光谱预处理

与近红外光谱预处理方法一致,剔除异常光谱 3 个。同样采用求导、标准正态变量变换、多元散射校正等预处理方法建立模型,方法比较如表 1-3 所示。

表 1-3　高光谱预处理方法

光谱预处理方法	相关系数	校正集标准偏差	预测集标准偏差	主因子数
MSC+ 原始光谱	0.818 38	0.730	1.330	8
MSC+ 一阶导数	0.870 66	0.625	1.520	9
MSC+ 二阶导数	0.337 04	1.200	1.590	1
SNV+ 原始光谱	0.822 09	0.724	1.340	9
SNV+ 一阶导数	0.870 28	0.626	1.510	9
SNV+ 二阶导数	0.337 26	1.200	1.590	1

如表 1-3 所示,多元散射混合一阶导数法的相关系数为 0.870 66,校正集标准偏差、预测集标准偏差分别为 0.625、1.52,较其他方法更优。因此高光谱采用多元散射校正混合一阶导数法是最佳的光谱预处理方法。

1.4.3.3 近红外与高光谱预处理分析对比

近红外光谱预处理剔除异常光谱 10 个,高光谱预处理剔除异常光谱 3 个,则高光谱采集的光谱信息比近红外采集的光谱更精准。

近红外光谱采用标准正态变量变换法是最佳的光谱预处理方法;高光谱采用多元散射校正混合一阶导数法是最佳的光谱预处理方法。近红外预处理模型的相关系数为 0.886 20,高光谱预处理模型的相关系数为 0.870 66,两者差别不显著。

近红外光谱采用标准正态变量变换法,标准正态变量变换用来校正样品因颗粒散射而引起的光谱的误差。高光谱使用多元散射校正混合一阶导数法,多元散射校正用于消除理想中的线性散射影响,标准正态变量变换与多元散射校正的目的基本相同;导数处理,消除基线漂移,提供比原光谱更高的分辨率和更清晰的光谱轮廓变化。由此分析,高光谱的预处理方法更加的完善。

1.4.4 确定主因子数与模型的建立

1.4.4.1 确定主因子数

选用交互验证方法,通过交互验证均方根误差和预测残差平方和的数值关系,确定最佳的因子数。由交互验证均方根误差和预测残差平方和越小,证明模型的稳定性越好,预测能力越强为标准。通过比较主因子数在模型中的交互验证均方根误差值,确定其最小时对应的主因子数为最佳因子数。确定近红外光谱的主因子数为 8,高光谱的主因子数为 10。

1.4.4.2 建立近红外光谱的可溶性固形物预测模型

选择经典最小二乘法、多元线性回归法、偏最小二乘法、主成分回归法等建模方法,通过对比相关系数、校正集标准偏差、预测集标准偏差得出偏最小二乘法为最优的建模方法。偏最小二乘法采用校准试样组确定参数,在计算过程中没有经过任何矩阵求逆运算,所以计算误差小,准确度高,运算速度快。利用偏最小二乘法建立近红外光谱关于杏可溶性固形物的检测模型。选择 180 个作为校正集,20 个作为验证集,剔除异常数据与差异较大的数据共 40 个,波长为 1 000 ~ 1 800 nm 之间利用偏最小二乘法建立模型。如图 1-3 所示,20 个验证集的可溶性固形物含量的真实值为 15.4% ~ 20.0%,绝对误差范围为 ±1.94,预测能力较好。

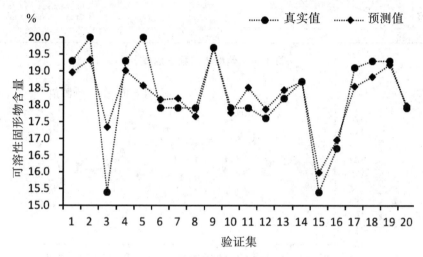

图1-3 杏果实可溶性固形物的真实值与预测值对比

利用 TQAnalystV8.0 软件处理的数据,再通过偏最小二乘法得到的最适模型。如图 1-3 所示,横坐标为杏可溶性固形物的真实值,纵坐标为预测值,这 2 个变量成线性关系,且 180 个校正集及 20 个验证集均匀分布于直线的周围则模型的相关性较好。偏最小二乘法建模如图 1-4 所示,模型相关系数为 0.928 85、校正集标准偏差为 0.473、预测集标准偏差为 0.637,得到最优模型。

1.4.4.3 建立高光谱的可溶性固形物预测模型

同样利用偏最小二乘法建立高光谱关于杏可溶性固形物的检测模型。选择 180 个作为校正集,20 个作为验证集,剔除异常数据与差异较大的数据共 40 个,在波长 900 ~ 1 700 nm 利用偏最小二乘法建立模型。20 个验证集的可溶性固形物含量的真实值与预测值如图 1-5 所示,真实值范围为 17.3% ~ 19.1%,数据具有一定的代表性,而绝对误差范围

为 ±0.39,模型的稳定性和预测能力较好。

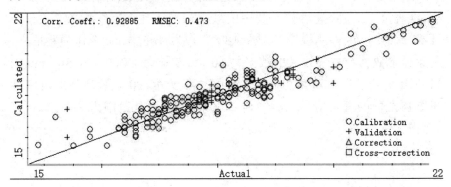

图 1-4　偏最小二乘法建模

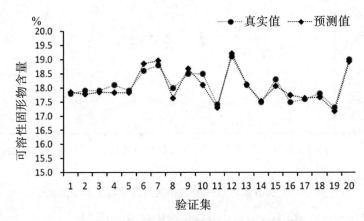

图 1-5　杏果实可溶性固形物的真实值与预测值对比

偏最小二乘法得到的最适模型如图 1-6 所示,横坐标为杏可溶性固形物的真实值,纵坐标为预测值,这 2 个变量呈线性关系,且 180 个校正集及 20 个验证集均匀分布于直线的周围则模型的相关性较好。偏最小二乘法建模,模型相关系数为 0.943 56、校正集标准偏差为 0.373、预测集标准偏差为 0.184,得到最优模型。

1.4.4.4 近红外与高光谱的可溶性固形物预测模型分析对比

近红外光谱的可溶性固形物预测模型的 20 个验证集的可溶性固形物含量的真实值与预测值的绝对误差范围为 ±1.94。高光谱预测模型的验证集的可溶性固形物含量的真实值与预测值的绝对误差范围为 ±0.39。如图 1-7 所示,可知高光谱预测模型的预测能力较好。

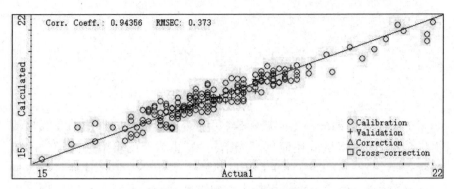

图 1-6 偏最小二乘法建模

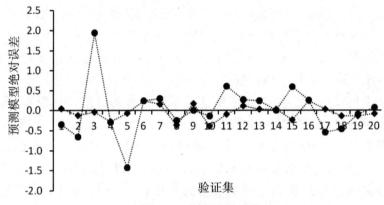

图 1-7 绝对误差比较

如表 1-4 所示,近红外光谱的可溶性固形物预测模型相关系数为 0.928 85、校正集标准偏差为 0.473、预测集标准偏差为 0.637。高光谱的可溶性固形物预测模型相关系数为 0.943 56、校正集标准偏差为 0.373、预测集标准偏差为 0.184。可知高光谱的可溶性固形物预测模型相关系数更好,模型的准确性和稳定性更好。

表 1-4 近红外和高光谱预测模型评价参数

光谱预测模型	相关系数	校正集标准偏差	预测集标准偏差
近红外光谱技术	0.928 85	0.473	0.637
高光谱技术	0.943 56	0.373	0.184

1.5 结 论

本试验采用偏最小二乘法建模,可为杏的可溶性固形物的在线检测提供依据,同时本试验还使用高光谱技术,也为杏的可溶性固形物的检测提供可行性。这与孙通等人针对梨的可溶性固形物含量进行在线近红外光谱检测,使用偏最小二乘法为梨可溶性固形物线上检测同样具有参考价值。王风云等利用高光谱建立苹果糖度的无损检测模型,分析了模型精度,为构建苹果品质分级系统提供理论支撑。本试验采用高光谱也构建了检测模型,且模型也具有稳定性和较好的预测性。本试验针对不同预处理方法分别比较分析,还针对两种无损检测技术的模型分析对比发现模型的准确度和预测性高,为无损检测技术提供理论支持、为本技术的推广应用提供了理论依据。

基于近红外光谱技术和高光谱技术测定杏的可溶性固形物,分别建立杏可溶性固形物的数学模型。近红外光谱的可溶性固形物预测模型相关系数为 0.928 85、校正集标准偏差为 0.473、预测集标准偏差为 0.637。高光谱的可溶性固形物预测模型相关系数为 0.943 56、校正集标准偏差为 0.373、预测集标准偏差为 0.184。高光谱的可溶性固形物预测模型稳定性和预测性都比近红外光谱的预测模型好,更利于杏品质的无损检测研究。

近红外光谱技术和高光谱技术各有优缺点,但技术互补。就快速无损检测技术而言,高光谱技术具有图像与光谱合一的优势,可以给出品质空间分布信息,具有更全面的品质信息,而缺点是数据量大,处理过程复杂。近红外光谱技术是光谱测量技术和化学计量学学科的有机结合,具有简单、快速、准确、无损及多组分同时分析等优点,但是点状来进行检测,对光谱的数据信息进行获取、整理、分析,其相应的波段不多。近红外光谱检测仪更便于携带,而高光谱技术在检测中覆盖范围广。杏品质无损检测中近红外光谱检测适用于小样本的测定,高光谱技术适于大样本量的快速检测,高光谱技术发展前景更广阔。

第2章 基于近红外光谱对'库车小白杏'品种识别研究

2.1 课题的提出

新疆白杏品种繁多,其中'库车小白杏'具有较高的市场价值,采后销售过程中需将其他品种白杏分选。为了更好地实现不同品种白杏的快速无损鉴别,提高白杏的商品性,通过利用近红外光谱分析技术结合采用偏最小二乘判别分析(PLS-DA)法对3个新疆白杏品种进行判别。实验方法:首先,采用一阶导数对原始光谱进行预处理,并结合采用主成分分析(PCA)法对近红外光谱特征进行聚类分析,得到三种不同品种新疆白杏的特征差异。其次,通过选择特征谱变量结合 PLS-DA 方法对校正样本建立判别分析模型,即通过对2个不同品种间相互的预测分类,可判断3品种间的预测分类。实验结果:对未知的10个样本进行预测,模型的校正决定系数(R^2)为 0.998,交叉验证均方根标准差(RMSEE)是 0.162 0,预测均方根标准差(RMSEP)为 0.216 0,ROC曲线分类结果评价品种识别率为 100%。实验结论:'库车小白杏'PLS-DA 分类模型,预测分类具有一定的准确性,有极高的可靠性,能够检验和判别新的样本,该模型可为'库车小白杏'品种快速鉴别提供理论依据,为无损品种识别做出初步探索。

杏是原产于我国的古老果品之一,新疆地区因地域辽阔,在天山以南的地区,年降水量极少,光热资源充沛,孕育了种类繁多的中亚栽培类型。目前在南疆产区中,白杏品种系列因其果实无毛光亮,果肉富含多种营养成分,杏核薄脆,出仁率相对较高,风味香甜等众多优点,不但其果肉既可用于鲜食、加工,其杏仁也为仁用产品首选;同时又因为该品种杏树能在南疆环塔里木盆地的绿洲栽培,发挥其耐寒、抗旱、耐贫壤瘠土等适应性强的特点,因此被大量种植于南疆库车县等地,其中'库车小白杏'品种更是成为该地区主要种植品种。虽然'库车小白杏'为农产品地理标志,但是却出现市场上鱼龙混杂的现象。对于不同品种白杏来说,田间实施栽培方式、果实采摘后储运贮藏以及市场销售价格上都有着千差万别,并且白杏品种在果实成熟期、果型大小、果皮颜色及果肉口感风味上等都大同小异,因此对于白杏品种的识别除非是专业人员,一般消费者或者是销售者很难辨别清楚。有相关研究表明,南疆不同杏品种间挥发物质组分不同,并且杏品种间总糖含量也存在显著差异,另外经主成分分析不同杏品种的果实厚度、水分含量、可溶性固形物等果实品质指标绝大部分都可以作为反映鲜食杏果实品质重要信息。根据品种间果实品质特征差异,可为白杏品种鉴别提供新思路。

2.2 前人研究进展

基于近红外光谱技术在白杏系列品种特征特性上的应用。对于杏品种识别研究方法目前除传统形态学鉴别,主要依靠人工完成,其分选鉴别速度慢,识别效率低,并且漏选率高。但近些年来,近红外光谱技术也已经迅速发展为能够集速度快、成本低、测试重现性好、绿色环保等优点于一身的检测技术,在品种识别研究上也有广阔的应用。国内外研究学者主要利用近红外光谱技术研究关于水果内部品质及外部品质(果面缺陷及外部损伤)检测分析,如在葡萄酒、山楂、梨等方面,此类关于近红外光谱技术在水果品质检测研究均可作为近红外光谱技术应用于品种识别研究的依据。PLS-DA(偏最小二乘法)方法是基于 PLS 回归的判别分析方法,在光谱信息上的利用为在一定程度上分类光谱信息,基于已分类后不同类别光谱间提取最大化的差异信息,因此该方法具有高效的鉴别能力,能够建立稳定可靠的判别模型。另外,例如在红枣品种、生物种类识别等方面都应用了 PLS-DA 方法建立了相关判别模型。本研究针对'库车小白杏''小米杏''油光杏'3 个白杏品种,利用近红外光谱结合 PLS-DA 方法,建立'库车小白杏'的品种鉴别模型。

2.3　材料与方法

2.3.1 仪器设备

实验仪器为聚光科技便携式光栅扫描光谱仪型号为 SupNIR-1 500（聚光科技杭州股份有限公司），其波长范围在 1 000~1 800 nm，波长准确性 ±0.2 nm，波长重复性 ≤ 0.05 nm，光谱分辨率 ≤ 12 nm，杂散光 <0.15%。小白杏测定水分时所使用的干燥设备为上海博讯事业有限公司的电热鼓风干燥箱（GZX-9140MBE），同时使用 PAL-1Cat. No.3810 型数字手持折射仪（ATAGOCO.LTD.）测定样本可溶性固形物含量。该试验光谱数据分析软件为 Matlab-R2017a、TQAnalystV8.0 和 Simca-14.1。

2.3.2 试验材料

试验所用白杏样本均采购于新疆阿拉尔市农产品批发市场，品种为'库车小白杏''小米杏''油光杏'3 个品种，在所购样本中挑选出成熟度相同、没有伤疤、损伤，个体均匀的白杏样本，每个品种各 70 个，共计210 个，对其依次进行去除灰尘处理并编号，然后将样品用流水洗净再用蒸馏水冲洗 2 次。样本冲洗完成后放于实验室自然晾干，同时为排除温度及其他环境因素对实验结果的干扰，将样品置于室内，保持室温。

油光杏　　　　　　　　小米杏　　　　　　　库车小白杏

图 2-1　白杏样本

白杏系列样本如图 2-1 所示，3 个不同白杏品种在大小、表面光滑度及颜色等外观品质方面均无特别差异，因此如果单单从小白杏样本的外观特征来看，实现 3 个不同白杏品种鉴别是非常困难的。

2.4 试验方法

2.4.1 光谱采集

在进行光谱扫描前应首先检查仪器，排除其他因素干扰、进行调试并预热 30 min 后，再采集白杏样本光谱。在采集样本近红外光谱时，仪器光源应距离果实表面的垂直高度约为 2 cm，以果实腹缝线深沟向左为准，在果实横径最大处进行光谱采集并做标记。将全部样本随机分成建模集和预测集，建模集有 186 个样本，预测集有 24 个样本。同一果实样品完成一次光谱采集后将其旋转 180° 后，采集另一果面光谱信息，共采集两次，取平均光谱。实验过程中需要避免白杏样本与近红外光谱仪之间发生剧烈变化，完成近红外光谱数据采集后，共计采集得 210 个光谱信息。

2.4.2 光谱数据预处理

由于近红外光谱探测仪器能够获取的数据信号除了含有被测样本的待测成分外，同时近红外光谱仪器运行中产生的各种噪声也会被包括进去，而对光谱数据进行的预处理能够简单有效地消除高频随机噪声、环境光散射、样本不均匀、基线漂移等不良影响。因此，在对近红外光谱数据进行分析前，应首先针对仪器信号测量和样本体系进行能够避免误差影响的适当处理，以此处理可减弱甚至消除各种非目标因素对检测信号信息的不良影响，从而达到建立稳定、可靠的数学模型的目的。本节比较了不同预处理方法对于建模的影响，分别采用标准化（autoscaling）、归一化（normalization）、一阶导数、标准正态变换（standard normal variate transformation, SNV）、多元散射校正（multiplicative scatter correction, MSC）等多种方法对光谱进行预处理,得到最佳光谱预处理方法。

2.4.3 可溶性固形物含量测定

使用数字手持折射仪测定 210 个样本的可溶性固形物含量。分别测定与采集光谱相应位置的果肉浆液的可溶性固形物含量(标记点),求得每个白杏样本可溶性固形物含量的平均值作为该样品可溶性固形物含量的真实值。

2.4.4 水分含量测定

按照相关国标(GB/T5009.3—2016),采用烘干减质量法。将白杏样品放在电热鼓风干燥箱中干燥,在 1 个标准大气压(101.3 kPa)下,温度设定为 65℃。每隔 2 h 拿出来进行称重一次,直至重量发生的变化小于 0.001 g,即停止烘干,计算获得白杏样本水分。

$$杏含水率(\%) = (m_0 - m_1)/m_1 \times 100\%$$

式中,m_0 为样本初始质量;m_1 为干燥后样本恒质量。

2.4.5 算法原理

主成分分析(PCA)法是一种无监督学习方法,指通过对光谱数据做正交旋转变换,使正交后变量都为正交,可对多变量光谱数据信息进行调整组合,提取较少的综合变量特征去解释原来样本光谱数据的大部分特征,也就是在样本光谱数据信息损失最少原则下,对高维光谱数据进行降维,即 PCA 法可以将原始光谱数据中的所有信息进行有效消除,通过得到的所需要特征光谱数据,最终能够获得新的变量(PC 得分图)。

偏最小二乘判别(PLS-DA)分析法是基于 PLS 法的回归方法,该方法将光谱数据与分类变量进行线性回归。其具体判别过程为:首先,建立校正集样本的分类变量,赋予校正集样本分类变量值。其次,通过分类变量与光谱数据的 PLS 回归分析,建立分类变量和光谱数据间的 PLS-DA 模型。最终,根据校正集建立的分类变量和光谱特征的 PLS-DA 模型对预测集样品进行预测验证。其中,按样本实际类别特征,赋予校正集和验证集的样本分类变量值,如表 2-1 所示。

表 2-1 个不同品种白杏的分类变量

白杏品种	分类变量
库车小白杏	[1 0 0]
小米杏	[0 1 0]
小油杏	[0 0 1]

将光谱数据与分类变量进行线性回归,其具体实现过程为:三类样本设置分类变量,第一类样本为[1 0 0],第二类样本为[0 1 0],第三类样本为[0 0 1];由 PLS-DA 模型验证样本集。具体判别标准为:计算验证集的分类变量值(Y_p),设(Y_y)为样品预测值。①当 $|Y_p - Y_y| >$ 0.5,且偏差小于 0.5,判定样本属于该类。②当 $|Y_p - Y_y| < 0.5$,且偏差小于 0.5,判定样本不属于该类。③当偏差大于 0.5 则定判别模型不稳定。

2.5 结果与分析

2.5.1 白杏系列样本的近红外光谱

3 个白杏样本的原始光谱图曲线如图 2-2 所示。从图中可以看出,不同白杏品种的近红外光谱曲线在该全波段内具有一定的特征性差异,可利用这种差异为白杏的不同品种鉴别提供理论依据。应用 TQAnalystV8.0 软件,将 3 种白杏原始光谱数据做平均处理,利用主成分分析(PCA)法对其聚类。获得前 3 个主成分 PC1、PC2、PC3 的特征值及累计可信度,分别为 97.466%、99.511%、99.948%,由于 3 个主成分的累计可信度已达到 97%,所以该谱段内均可以表示原始近红外光谱的主要信息,可用于模型建立。

在完成了光谱数据采集后,若直接利用原始光谱数据进行模型建立,则所建立模型相关系数较低,该模型对于未知样本的预测能力和稳定性都较差,所以须对原始光谱进行预处理才能得到准确的数学模型。表 2-2 给出了通过多元散射校正(multiplicative scatter correction,MSC),一阶导数两种预处理所得到模型验证集结果。从表中可以看出,虽然两者得到的预测标准偏差(RMSEP)都差不多,但是通过比较各光谱预处理所得模型相关系数(r_p)可知,经一阶导数预处理后相关系数均大于 0.998,而经多元散射校正预处理后相关系数均大于 0.961,r_p 越接近 1,则该模型预测能力越好,对比可得利用一阶导数法预处理光谱数据效果要比多元散射校正(multiplicative scatter correction, MSC)法预处理光谱数据效果更为稳定,预测能力更好。

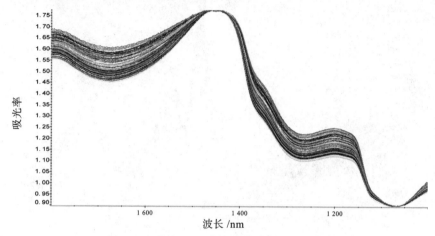

图 2-2　白杏的 3 个品种原始近红外光谱图

表 2-2　不同预处理方法对光谱预处理结果

品　种	光谱预处理方法	因子数	校正集		验证集	
			r_c	RMSECV	r_p	RMSEP
库车小白杏	一阶导数	8	0.998	0.14 50	0.998	1.790
		9	0.999	0.094 0	0.999	1.800
小米杏		10	0.999	0.058 8	0.999	1.590
	MSC	8	0.961	0.725 0	0.978	1.160
油光杏		9	0.978	0.540 0	0.986	0.743
		10	0.988	0.405 0	0.991	1.210

　　图 2-3 为经过利用一阶导数法预处理光谱数据后处所获得的光谱图,从预处理后光谱图上可以看出该光谱预处理方法很好的校正了光谱数据中样品特征的差异,如颗粒大小,填充均匀程度等,使光谱的特征吸收峰,合频峰等明显表现出来。另外,在该图上可观察得出,经过光谱校正的数据在 1 110 ~ 1 170 nm,1 280 ~ 1 350 nm 和 1 370 ~ 1 410 nm 范

围中展现出比较显著的差异,在这 3 个波段内,可做波长范围的选择,可以减少不同氢键干扰峰对光谱数据的影响,从而达到较少带入光谱数据内无关或错误信息,提高模型的精度,有效控制对实验结果的影响,并且也能够为不同种类的定性分析提供依据。

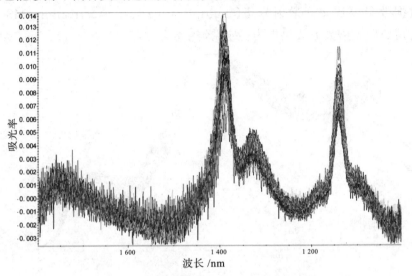

图 2-3　一阶导数预处理后所得近红外光谱

2.5.2 最佳定标模型确定

主成分分析(PCA)方法是把个变量之间相互关联的复杂关系进行简化分析的方法,其利用对高维变量空间进行降维处理以及特征抽取,使识别系统在低维空间更容易的进行辨别。图 2-4 所示为剔除异常数据后,172 个建模样本所得的主成分 PC1、PC2 得分图。从图 2-4 中可以看出,白杏品种明显分为 3 类,3 个品种间具有明显的界限,说明主成分 PC1、PC2 对 3 个白杏品种有较好的聚类作用。'小米杏'均匀的分布在位于 Y 轴的右方,样本的聚合度较好,而'库车小白杏'和'油光杏'位于 Y 轴左方,且'油光杏'样本的聚合度不如'库车小白杏'的聚合度好,分布较为分散,但是剔除 2 个位于图第 1、4 象限内的异常数据,其他全部分布在第 2、3 象限内。'库车小白杏'紧密分布在 Y 轴两侧、较好的分布在图 2-4 的第 1、2 象限内。

全波段在 1 000~1 800 nm 共有 801 个点,采用全光谱计算时,可以利用各个区域的光谱信息,得到样品组成成分或性质与光谱信息的关系。由模型得 R^2X 为 0.968, Q^2 为 0.967,用来评价模型反映主成分的解释程度及模型预测能力,其中 R^2X 越接近 1 表示模型预测能力越好, Q^2 大于 0.5 表示预测越高,对未知样本进行预测,预测准确率为 100%。从图中可以看出,在此变异区间内该 3 个不同品种白杏差异较明显,对未知样本预测也有较好效果。同时,全波段在 1 389~1 613 nm、1 744~1 799 nm 具有特征光谱,该区域光谱信息所得主成分模型 R^2X 为 0.988, Q^2 为 0.979,对比全波段具有较好的预测能力。

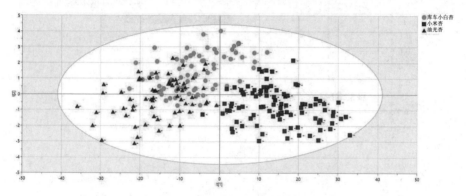

图 2-4　白杏样品 PC 得分图

2.5.3 PLS-DA 模型建立

由图 2-4 可知,从主成分分析(PCA)所建立的关于'库车小白杏''小米杏'和'油光杏'的 3 个品种识别模型前两个主成分得分图中,可明显看出,品种为'小米杏'光谱与品种为'库车小白杏''油光杏'光谱几乎没有重叠,具有明显界限,可以很容易地区别分开;而品种为'库车小白杏'和'油光杏'的品种样本虽然大部分聚类在一起,但是也有部分在得分图内第 2、3 象限重叠在一起,这说明在 3 个不同品种的白杏样本识别中,品种为'小米杏'最容易判别,并且其在全光谱波段内具有较强的特征。而品种为'库车小白杏'和品种为'油光杏'的判别相对来说比较困难,尤其是 2 个品种间的品种识别,需选择合适特征波段建立模型。

图 2-5 是所有校正集样本('库车小白杏''小米杏''油光杏' 3 类)分裂变量 PLS-DA 模型的预测集与真实值的回归图。从图中可以看出,PLS-DA 模型能够将该 3 类样本分开,即通过 2 个不同品种

间相互的预测分类,可判断 3 品种间的预测分类。分类后 3 个所建立 PLS-DA 校正模型的交叉验证均方根误差(RMSECV)分别为 0.164 9、0.247 5、0.183 0,其值均小于 0.3,预测正确率为 100%,此模型具有较好的稳定性及预测能力。另外,通过模型比较可知,'库车小白杏'与'小米杏'品种识别模型和'小米杏'与'油光杏'品种识别模型的预测效果及模型稳定程度均优于'库车小白杏'与'小米杏'品种识别模型。

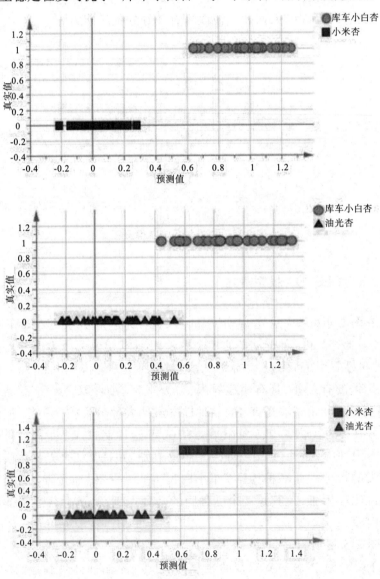

图 2-5 PLS-DA 样本分类预测值与真实值回归图

图2-6是PLS-DA模型对'库车小白杏''小米杏'和'油光杏'品种识别模型的ROC（receiver operating characteristic curve）曲线。ROC曲线指受试者工作特征曲线/接收器操作特性曲线（receiver operating characteristic curve），是反映敏感性和特异性连续变量的综合指标，是用构图法揭示敏感性和特异性的相互关系，它通过将连续变量设定出多个不同的临界值，从而计算出一系列敏感性和特异性，再以敏感性为纵坐标、特异性为横坐标绘制成曲线，曲线下面积越大，诊断准确性越高。在ROC曲线上，最靠近坐标图左上方的点为敏感性和特异性均较高的临界值。该模型计算属于特定的概率，在0和1之间选择截止值，并且如果计算的概率超过该阈值，则将观察值分配给这一类。

AUC（Area Under ROC Curve）值为一个概率值，是衡量二分类模型优劣的一种评价指标，表示预测的正例排在负例前面的概率，该值反映的是分类器对样本的排序能力，AUC值越大则当前分类算法越有可能将样本更好地分类，若AUC值小于0.5，说明预测分类比随机性分类还差，若在0.5 ~ 0.7时具有较低准确性，在0.7 ~ 0.9时有一定准确性，当大于0.9而小于1时则有较高的准确性。另外，结合图2-4，根据PLS-DA法的判别准则可知，验证集中所有样本均被正确识别，即识别率为100%，而其他样本均以样本特征被区分。由图分析得识别'库车小白杏'样本、'小米杏'样本、'油光杏'样本AUC值分别为0.98、0.99、0.85，该类曲线模型AUC值均大于0.8，说明该PLS-DA模型预测分类具有一定的准确性，有极高的可靠性，能够检验和判别新的样本。

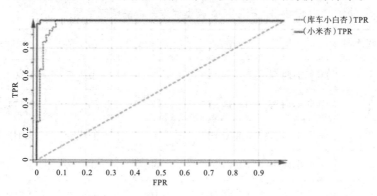

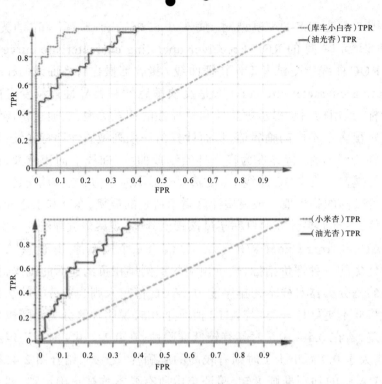

图 2-6　PLS-DA 样本模型 ROC 曲线

　　为了进一步了解近红外光谱拟合白杏品种特征特性对白杏品种的判别效果。采用上述方法建立的 PLS-DA 模型对 10 个未知样品进行了判别,判定该样本所属品种。如表 2-3 所示为对未知样品预测结果。

表 2-3　PLS-DA 模型对未知样品预测结果

预测样本号	真实值	预测值	预测样本号	真实值	预测值
1	库车小白杏	0.828 265	6	小米杏	1.962 243
2	库车小白杏	0.664 618	7	小米杏	2.121 532
3	库车小白杏	0.870 183	8	油光杏	3.012 538
4	库车小白杏	1.056 037	9	油光杏	3.024 745
5	小米杏	1.833 107	10	油光杏	2.759 226

　　由样本校正标准差(RMSEE)为 0.162 0,校正决定系数(R^2)为 0.998,通过 PLS-DA 模型对未知样品预测识别率为 100%,均方根预测

偏差（RMSEP）为 0.216，说明所建立的 PLS-DA 模型对 '库车小白杏' 品种识别效果较好。

2.6　结　论

通过 PLS-DA 法建立关于 '库车小白杏''小米杏' 和 '油光杏' 间的白杏品种判别模型，结果表明采用不同的光谱预处理方法对样本集光谱进行处理，可以得到较好的判别模型；结合主成分分析法，可以实现对模型参数的优化，得到检测模型对未知样本判别准确率为 100%，并且可提高模型稳定性，增加模型可靠性。说明近红外光谱结合 PLS-DA 法能够有效地检测和判别南疆白杏品种。该结果的重要意义在于为白杏品种利用近红外光谱在线识别提供理论依据。

第 3 章　基于近红外光谱技术
检测杏含水率研究

3.1　课题的提出

杏树因其喜光、具备良好的耐旱性和适应性强等特点,成为重要的经济树种。在我国新疆地区杏树更成为在荒漠治理和带动当地人民致富的先锋树种之一。'库车小白杏'是目前新疆南疆重要的地方品种,与其他品种的杏相比,因其含糖量高、糖算比适中、风味浓郁、汁多味鲜、维生素 C 含量高等优点,是优良的鲜食和加工品种。另外,由于南疆果品产业结构调整,杏的种植面积和产量逐步提升。杏果实在采集和贮藏过程中水分含量是影响其加工和贮运的重要因素,在杏果实的品质检测中含水率为重要指标之一。目前,'库车小白杏'的含水率测定一般使用传统的烘干法。该方法的弊端很多,例如会破坏果品、检测时间长、只能抽样检测导致检测的结果不全面和检测后的杏失去商品性等。因此,建立'库车小白杏'含水量的快速、无损的定量分析方法尤为重要。

3.2　前人研究进展

近红外光谱(简称 NIRS)是各个领域中发展迅速、应用广泛的分析技术。因其具备安全无污染、快速准确、对样本不损伤、智能化检测等优点,这使得近红外光谱技术在农业、制药业、工业和食品检测等多个领域得到了广泛的应用。随着近几年近红外光谱快速地发展,此技术已经发展为能够对农产品品质进行快速、准确、稳定检测分析的园艺产品检测技术。由此可见,近红外光谱技术对果品内在及外在品质评价方面有很大的潜力。另外,国内许多学者运用近红外光谱对苹果、柑橘、番茄、猕猴桃和药材等果品的水分无损检测有了一定研究和成果。薛龙生姜含水率研究运用近红外光谱快速检测技术,用烘干法测定姜的含水率,区别专业知识、偏最小二乘法和遗传算法三种选择方法建模对模型的影响,结果证明应用遗传算法的预测模型效果最好,并且所建立的模型比全光谱所建立的模型精度高。代芬运用近红外光谱技术检测砂糖橘水分,结果表明,为提高建模的精度,小波消噪有利于消除光谱中的噪声,提高精度,建立的预测模型效果最好。王宝刚等运用近红外光谱对桃、李及杏 3 种果实进行干物质检测,文中提到桃、李及杏果实在 570 ~ 1 848 nm 内的近红外光谱中 978 nm 和 1 198 nm 处的吸收峰主要是水分的吸收峰。刘洁对板栗含水量进行快速安全的无损检测运用了近红外光谱技术,同时验证了带壳板栗与板栗仁之间用近红外光谱检测的区别,结果表明板栗含水率检测会受到板栗壳的影响,验证了近红外无损检测检验板栗含水率的可行性。郝中诚对南疆温 185 核桃含水量进行快速安全的无损检测运用了近红外光谱技术,使用标准正交变量变换预处理后用 PLS 算法建模,得到的水分检测模型最优。王铭海运用近红外光谱技术以猕猴桃、桃和梨 3 种果实的可溶性固形物含量实现了不同品种果实检测区分。以上学者的研究均表明,在水果内部品质的检测中,近红外光谱无损检测技术得到了广泛研究与应用。并且,该技术具有快速准确、安全无污染、操作简单、且对于品质内部不同成分可进行同时检测和线上检测等优势,势必可对水果后续加工生产具有十分重要的作用。

因此本研究利用近红外光谱无损检测技术对'库车小白杏'果实进行光谱采集,采用烘干质量法测定果实水分。利用近红外光谱技术拟合果实含水率,建立'库车小白杏'果实的水分模型,为'库车小白杏'近红外光谱无损检测提供一部分的基础数据。

3.3　材料与方法

3.3.1 材料

将'库车小白杏'300 颗,随机选取样本后(选择大小一致的样品)放入收集袋内并标上序号,然后集中在一个时间点进行光谱采集和水分测定。在采集光谱前将样品拿出,进行除尘后在实验室内放置至室温。

3.3.2 仪器与设备

本次实验采集光谱使用的光谱仪设备是聚光科技便携式光栅扫描光谱仪型号为 SupNIR-1500(聚光科技杭州股份有限公司)。检测杏果实含水量的干燥设备型号为 GZX-9140MBE 的电热鼓风干燥箱(上海博讯事业有限医疗设备厂)。称重设备为 JA2003 型电子天平。

3.3.3 试验方法

3.3.3.1 光谱数据采集

光谱采集前应先对近红外光谱仪进行 30 min 预热,再进行校正(白板参比),避免环境中的杂光影响。同时,将小白杏样品进行表面清洗后在室内静置,使样品与室内温度相同时进行光谱采集。预热完成后进行光谱采集,将每个杏样品以腹缝线为界将杏分为两面进行扫描,扫描后得到的光谱数据进行平均作为这一样品的光谱。

3.3.3.2 杏果实含水率测定

杏果实的含水率测定采用传统方法烘干减质量法。通过电热恒温鼓风干燥箱烘干杏果实,按照国家标准(GB/T5009.3—2016),本次实验的烘干温度为 55 ~ 60℃。

将'库车小白杏'用精密电子天平称取杏子重量 M_0,烘干前期在电热鼓风干燥箱中每隔 4 h 称量一次记录为 M_2,到样品逐渐烘干后 2 h 称量一次至质量变化差值小于 0.01 g。从烘箱中取出,冷却至室温,称其质量至守恒至 M_1。最后取平均值作为该样本的含水率。

$$杏果实含水率(\%)=(M_0-M_1)/M_1\times100\%$$

3.3.3.3　近红外光谱定量分析

采用 TQ-Analyst 8.0 软件对样本光谱进行建模。在进行近红外光谱定量分析前应对原始光谱数据进行预处理,分别选择一阶导数(First Derivative)、二阶导数(Second Derivative)、标准正交变量变换(SNV)和多元散射校正(MSC)4 种方法后,再选取特征光谱范围,确定最佳因子数,最后运用 PLS 算法建模得到'库车小白杏'含水率定量预测模型。近红外光谱定量分析的实质目的是得到'库车小白杏'样品含水率最理想的分析结果,所以模型的预测的准确性和稳定性就是评判校正模型好坏的指标。基于上述原因根据相关系数(R^2)、校正标准差(RMSEC)和预测标准差(RMSEP)为综合指标来判断模型的稳定性和预测能力。

3.4　结果与分析

3.4.1 果实水份统计结果

初级建立模型时,样本的选择与定标样本的数量会影响模型预测的精准度。若样本量太少,则不能全面的反映出被测样本的自然分布规律情况;而样本量太多,则会直接影响建立定标模型的工作量。因此,本次实验将 300 个'库车小白杏'样本经过精挑细选后(剔除异常数据)得到 240 个总样本集。再对样本集进行分类,分为 212 个校正集和 28 个预测集。得出的校正集、预测集的样本数量、含水率变化范围、平均值以及标准差如表 3-1 所示。

表 3-1　水分含量统计

数据集	样　本	平均值 /%	标准差 /%	范　围 /%
总样本集	240	78.32	1.20	73.3 ~ 81.06
校正集	212	78.32	1.17	73.3 ~ 81.06
预测集	28	78.50	0.89	76.9 ~ 80.26

据表 3-1 所知,'库车小白杏'样品的水分含量范围为 73.3% ~ 81.06%,变异系数为 0.015 34,该范围涵盖了'库车小白杏'水分含量的基本特征。同时,总样本集、校正集和预测集的平均值、标准差和范围相近,由此可对该范围内水分含量模型进行校正,确保模型的准确性。

3.4.2 光谱预处理

在采集'库车小白杏'样本原始光谱后,得到如图 3-1 所示的原始光谱图。其波长范围是 1 000~1 800 nm,光谱吸光度范围是 0.8~1.9。波长和吸光度范围广,保障了样本在该区域光谱波长的准确性,同时,也确保了检测样品的线性范围。另外,由于不同物质中含有的化学组分不同,而这些组分对红外光都有不同的吸收强度和波长,在光谱中反映的吸收峰位置和强度都有明显的不同。因此从图 3-1 波峰来看,在全波范围内该光谱曲线的特征光谱为 1 450 nm,在该范围中各个样本都具有相同的吸收峰。此外,由于不同的物质具有不同的吸收近红外光谱的范围,确定合理的近红外光谱范围也是在进行近红外定量分析中一个关键步骤,但是目前,尚未研究出一个通用的算法来确定最佳的光谱范围。因此本次采用全光谱范围进行近红外光谱定量分析。

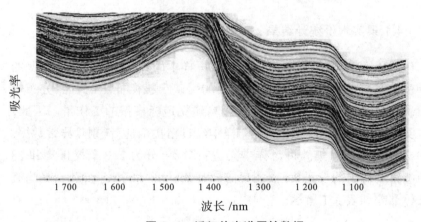

图 3-1　近红外光谱原始数据

采集近红外光谱时该技术存在一定的不足,容易受到外部环境的影响,如若存在果实形状不均、颜色的差异、环境温度、杂散光以及光谱仪温度等影响,会直接导致近红外光谱信息的不重合以及基线漂移等问题。为解决这类问题,在定量分析前需对光谱信息进行预处理就变得尤为重要,以此来消除外界与样本自身因子带来的影响。通过 4 种预处理方法(一阶导数、二阶导数、标准正交变量变换和多元散射校正)单个或组合使用对样本原始光谱数据进行预处理,根据综合指标相关系数(R^2)、校正标准差(RMSEC)和预测标准差(RMSEP)对预处理方法进行选择。进行预处理后得到不同预处理对建模的影响如表 3-2。

表 3-2　不同预处理方法对建模的影响

光谱预处理方法	R^2	RMSEC	RMSEP	因子数
原始光谱	0.844 01	0.574	0.796	8
First Derivative	0.989 53	0.154	0.694	6
Second Derivative	0.793 49	0.651	0.920	1
MSC	0.816 31	0.618	0.789	6
MSC+First Derivative	0.906 30	0.452	0.685	4
MSC+SecondDerivative	0.713 39	0.750	0.923	2
SNV	0.843 01	0.576	0.781	7
SNV+ First Derivative	0.907 91	0.449	0.684	4
SNV+ Second Derivative	0.716 6	0.746	0.921	2

相关系数 R^2 越接近 1,表示预测值和实际值越接近,说明模型的预测能力越好;校正标准差 RMSEC 的值越小,表示模型的稳定性越好;预测标准差 RMSEP 反映了样本的近红外光谱预测值和实际值间的差异。RMSEP 的值越小,表明模型的预测能力越强。从表 3-2 可知,预处理为一阶导数(First Derivative)时相关系数(R^2)为 0.989 53、校正标准差(RMSEC)为 0.307、预测标准差(RMSEP)为 0.54。该预处理方法在所有预处理中效果最好,最符合综合指标的规定。因此最终确定最佳预处理方法为一阶导数法(First Derivative)。

3.4.3 主因子数确定

确定完预处理方法后,选取全波段特征光谱范围。在近红外光谱定量分析中,主成分因子数影响模型的预测能力。而不同的主成分数也会影响能利用的光谱信息,如主成分数过少,将会丢失原始光谱中许多有价值的信息,导致模型无法完全拟合,降低模型的预测精度;主成分数过多,则会把噪声引入模型,产生过拟合现象。所以,确定合适的主因子数是充分利用光谱信息和提高模型预测能力的关键步骤。因此,选择采用交互验证法(cross validation)来确定参与建模的主因子数。

在交互验证法中交叉验证方根误差(RMSECV)会随主成分因子数改变而改变。用 RMSECV 值对主成分数目作图的方法得到图 3-2,由图 3-2 可知,RMSECV 呈折线,随着主因子数先增大后减小后又增大,当主成分因子数为 6 时对应的 RMSECV 值最小。因此确定最佳主成分因子数为 6,RMSECV=1.036 73 最小,此时模型的预测效果最佳。

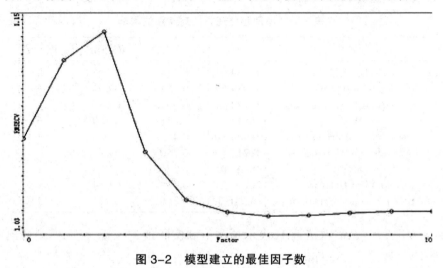

图 3-2　模型建立的最佳因子数

3.4.4 校正模型建立

本次进行的近红外光谱定量分析中采用 PLS 算法进行定量模型的建立,根据综合指标,如相关系数(R^2)越接近 1,说明样品分析值与近红外预测值相关性越好;校正标准差(RMSEC)和预测标准差(RMSEP)越小,说明模型的预测性能越好。

运用近红外光谱定量分析软件,采用偏最小二乘法建立校正模型,得到如图 3-3 所示,校正集的预测值与分析值之间的相关性绝对偏差。从图 3-3 可看出,校正集与预测集都均匀的分布在回归线的两侧,趋近于回归线上。同时,经内部交叉验证得 R^2 为 0.989 53,R^2 接近 1,说明该模型对'库车小白杏'样品分析值与近红外预测值相关性好,预测能力好。RMSEC 为 0.154,数值偏小,说明该模型对'库车小白杏'检测时稳定性好。

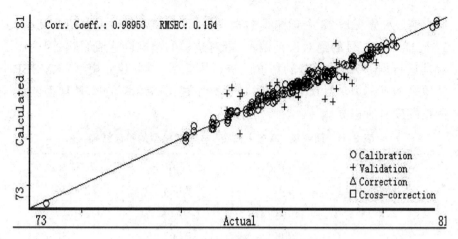

图 3-3　校正集与预测集的相关性

另外,图 3-4 所示为校正集与预测集样本的预测值与参考值之间的绝对偏差图,从图 3-4 可知,校正集与预测集分布在 ±1.3 范围之间,反映出预测值与实际值之间的差距为 ±1.3 之间。RMSEP 为 0.694,该数值反映了近红外光谱预测值和实际值的差异,说明该模型的预测能力较好。

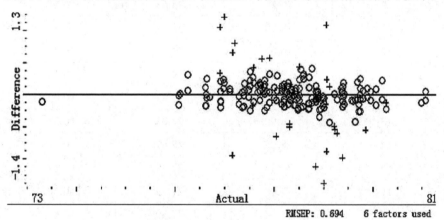

图 3-4　校正集与预测集的绝对偏差

3.4.5 预测模型与预测

光谱进行一阶导数预处理后,选取样本全波段波长,确定最佳因子数为 6,结合偏最小二乘法建立校正模型,得到 R^2=0.989 53、RMSEC=0.154、RMSEP=0.694 的最优校正模型。表 3-3 所示为'库车小白杏'水分含量 28 个预测集的真实值、预测值及绝对误差值。其中，3 号、18 号、22 号的绝对误差偏大，可对建模的精准度造成影响，因此需对其进行剔除，确保模型的精度。进行剔除后，重新建立模型，RMSEP 从原来的 0.694 变为 0.627，明显地提高了建模的预测准度，使模型的预测精准度有所提高。

表 3-3 预测集'库车小白杏'样本对模型的验证结果

序 号	实测值 /%	预测值 /%	绝对偏差
1	78.32	78.48	+0.16
2	80.26	80.14	−0.12
3	79.00	77.62	−1.38
4	79.38	78.40	−0.98
5	78.30	77.85	−0.45
6	78.30	77.80	−0.50
7	79.85	79.29	−0.56
8	79.27	78.66	−0.61
9	78.50	78.93	+0.43
10	79.06	78.17	−0.89
11	79.06	79.29	+0.23
12	79.21	79.23	+0.02
13	76.90	77.23	+0.33
14	78.68	78.47	−0.21
15	77.56	77.39	−0.17
16	77.19	77.99	+0.80
17	78.04	77.39	−0.65
18	78.83	77.71	−1.12
19	77.16	76.21	−0.95
20	77.74	78.30	+0.56
21	77.16	77.82	+0.66
22	76.99	79.20	+2.21
23	78.36	78.37	+0.01
24	79.21	78.71	−0.5

续表

序　号	实测值 /%	预测值 /%	绝对偏差
25	79.12	79.25	+0.13
26	79.05	78.90	−0.15
27	79.05	80.14	+1.09
28	79.23	78.70	−0.53

3.5　结　论

　　将'库车小白杏'样本光谱数据进行精挑细选,确定总样本集、校正集和预测集。选取样品全波段波长后,利用多元散射校正、标准正态变换、一阶导数等多种方法对光谱进行预处理,排除实验外带来的干扰、优化模型和提高预测效果,最后确定该定量分析中使用预处理方法为一阶导数。另外,采用交互验证均方差方法,根据 RMSECV 的变化来确定参与建立模型的最佳因子数,以达到此充分利用光谱信息、消除噪声和提高预测性的目的。结果表明,结合 PLS 算法进行校正模型的建立,根据综合指标进行对模型的优化,最后得到定量模型的相关系数 R^2 达到最大值 0.989 53, RMSEC 达到最小值 0.154。用此模型对样品进行预测,预测值和实测值之间的 RMSEP 达到 0.694,得到'库车小白杏'含水率无损检测最优模型。

　　相较于传统测定果实含水量法来看,这些方法不仅破坏果实的商品性而且检测时间长耗费劳动力,受到很多因素的限制。而本节利用的近红外光谱无损检测法充分发挥了近红外光谱快速准确无损的优点。通过前人研究总结可得,本次研究利用偏最小二乘法(PLS)建立了'库车小白杏'含水率的模型是可行的,这个模型的相关系数达到最大值 0.989 53,趋近于 1,说明此模型的预测值与测定值的相关性好,精确度高。校正均方差(RMSEC)达到最小值 0.154,在后续用此模型对样品进行预测时稳定性较好。在校正模型时 RMSEP 是重要指标,其反应了预测值和实测值之间的差距,而本次模型预测值和实测值之间的RMSEP 达到 0.694,说明预测值和实测值之间仍存在一定差距,在后续检测中预测能力仍存在一些偏差。从以上分析中来看出,该模型的优点在于其相关性和稳定性良好,而在预测能力上有待加强。因此后续需对'库车小白杏'含水率模型进行优化,在保证模型的相关性和稳定性的前提下,缩短预测值和实测值之间的差距。

第 4 章 新疆地方杏种仁代谢产物指纹图谱构建

4.1 课题的提出

我国幅员辽阔,气候地形多样,蕴藏着丰富的杏(亚)属植物资源。世界公认起源于我国的杏亚属植物有 6 个种:普通杏(*Prunus armeniaca* L.),藏杏(*P. holosericea* L.),东北杏 [*P. mandschurica* (Maxim.)Koehne],梅 [*P. mume* (Sieb. & Zucc.],西伯利亚杏(*P. sibirica* L.)和紫杏(*P. dasycarpa* Ehrh.)。按照中国植物志(www.iplant.cn/frps)记载,普通杏耐旱、耐瘠薄分布最为广泛,东起吉林延边,西至新疆喀什。新疆有普通杏(*P. armeniaca* L.)和紫杏(*P. dasycarpa* Ehrh.)2 个种,普通杏按照栽培类型分为野生杏和栽培杏,栽培杏广泛分布于南疆四地州。由于当地的居民通常采用种子繁殖,加之长期的自然选择和人工选择,形成了丰富多样的普通杏类群;紫杏是 1 个狭域种,仅在新疆南部少有分布,目前有'叶城紫杏'(又名'紫杏')和'阿里瓦拉' 2 个类型。前人在杏的形态学、孢粉学、同工酶学和分子标记方面做了大量的研究工作,但在新疆林业生产中很难依据杏的叶片、枝条等植株形态特征进行区分与鉴别普通杏和紫杏,代谢组学对新疆杏资源进行指纹图谱的构建提供了独特的视角和方法。

4.2 前人研究进展

根据《中国植物志》中的记载,杏的适应性强,喜光照、耐干旱瘠薄、抗寒冷、抗风沙,主要分布于半干旱、半湿润的风沙平原及低山丘陵地带,是我国北方地区十分重要的生态经济林树种。栽培杏主要种植在天山山脉以南、昆仑山脉以北的新疆南部地区。在新疆南部地区年增幅近30万吨,面积和产量均居全国首位。前人研究结果表明,杏仁的仁味性状主要由 CYP79D16 和 CYP71AN24 基因所调控,苦杏仁苷含量的多少决定了仁味的甜苦,是仁用杏品质的重要评价指标之一。

新疆南部地区果仁兼用杏种仁的品质和商品性主要由两方面构成。一方面杏仁的果核及果仁性状是仁用杏资源分类鉴定筛选的重要依据,而出仁率则是衡量其产量的重要指标。王少雄等、李明等、段国珍等研究了不同地区杏种核和杏种仁的表型性状,他们提出,仁用杏品种可参照核、仁性状指标进行快速鉴选。另一方面,杏仁中苦杏仁苷含量是决定其品质的关键因素,通常采用高效液相色谱法(High Performance Liquid Chromatography, HPLC)进行测量。吴迪对山杏仁中苦杏仁苷含量的测定结果表明,以高效液相色谱法测定的结果准确,且测得的苦杏仁苷其分离度好。肖雄等分别以苦杏仁、桃仁为研究对象,采用 HPLC 法测定了 D- 苦杏仁苷的含量,结果表明,HPLC 法快捷、准确且重复性好。随着南疆地区防风固沙、退耕还林工作的推进,杏作为重要的经济林发展迅速,其栽培面积和产量需求日益增长,但其优异种质也因此未得到充分发掘与利用,这也在很大程度上限制了新疆南部地区果仁兼用杏的地方品种改良和精深加工。为此,在前期研究的基础上,本研究对 88 种南疆地区杏仁中的苦杏仁苷含量及其核仁性状指标进行了测定,分析了 26 个品种的杏核、仁大小及苦杏仁苷含量的变异幅度,以期对仁用杏资源的开发和利用提供技术参考,为快速提高南疆地区果仁兼用杏的培育效率和杏仁利用提供理论依据和技术支持。

4.3　材料与方法

4.3.1　实验材料的采集和处理

对已经连续 2 年定点定树测定的继续进行采样鉴评(观察物候期, 在果实成熟时期采样,确定采样点和采样单株)。采样地点在新疆轮台国家李杏资源圃。采集材料包括叶片、果实(种仁)。地方品种和栽培品种的实验材料均在新疆轮台国家果树资源圃采样。采样时,每个样本果实采集(种仁):果实成熟期,在树的树冠外围中部东南西北四个方向各采果实 20 个。样品处理:果实采摘后,将果肉去除,在通风干燥处将杏核自然晾干。取 10 个杏核,破核后将杏仁用液氮快速碾磨,置于 −40 ℃冰箱待测。

4.3.2　部分杏种核、种仁性状测定

参照《果树种质资源描述符、记载项目及评价指标》与《杏种质资源描述规范和数据标准》和《中国果树志·杏卷》分别测定杏核与杏仁的纵、横、厚径及质量。用电子天平(精度为 0.01 g)测定杏种核(包括核壳和核仁)和杏种仁的干质量,用游标卡尺(精度为 0.01 mm)分别测量杏种核和杏种仁的纵径、横径、厚径。根据杏种核与杏种仁的纵径、横径,分别计算核形指数和仁形指数。根据杏种核质量和杏种仁质量计算其出仁率。

$$核形指数 = 核纵径 / 核横径$$
$$仁形指数 = 仁纵径 / 仁横径$$
$$杏种核出仁率 = (杏种仁质量 / 杏种核质量) \times 100\%$$

4.3.3　氨基酸、苦杏仁苷等含量的测定

4.3.3.1　仪器及试剂

浓硝酸、高氯酸、浓盐酸、氧化镧,国药集团化学试剂有限公司,均

为优级纯;浓盐酸、氯化钠、冰乙酸、柠檬酸钠、氢氧化钠、氢氧化锂、水合茚三酮、还原茚三酮、二甲基亚砜、甲醇(色谱纯)、乙腈(色谱纯)、乙酸锂(优级纯)、苯酚(重蒸馏)、高纯氮气(99.99%)、一级水等(国药集团化学试剂有限公司);钾标准溶液(1 000 μg/mL)、钠标准溶液(1 000 μg/mL)、钙标准溶液(1 000 μg/mL)、镁标准溶液(1 000 μg/mL)、铁标准溶液(1 000 μg/mL)、锰标准溶液(1 000 μg/mL)、铜标准溶液(1 000 μg/mL)、锌标准溶液(1 000 μg/mL),国家有色金属及电子材料分析测试中心;实验用水为二次蒸馏水。

AFS-9230+TMW-200 原子荧光光谱仪/微波消解仪,北京吉天仪器有限公司;PE AAnalyst 800 原子吸收光谱仪(配有高性能的燃烧器系统及 WinLab32 原子吸收软件),美国 PerkinElmer 股份有限公司;APL 奥普乐 GHP400P 石墨电热板,成都奥普乐仪器有限公司;LT-13A 型实验室样品粉碎机,北京兴时利和科技发展有限公司;TG328 电子天平,上海天平仪器厂;Waters 2695 高相液相色谱仪,美国 Waters 公司;LT-13A 型实验室样品粉碎机,北京兴时利和科技发展有限公司;TG328 电子天平,上海天平仪器厂。

4.3.4 矿质元素含量的测定方法

取杏种仁样品适量,用多功能粉碎机粉碎,过 60 目筛。微量元素样品处理:准确称取杏仁样品 0.200 ~ 0.500 g(精确至 0.001 g)于微波消解罐中,加入 5 mL 硝酸,按操作步骤进行消解。消解结束,等温度低于 80℃或压强低于 0.2 kPa(表压)时取出消化罐,在电热板上于 140 ~ 160℃赶酸至 1 mL 左右。消解罐放冷后将消化转移至 50 mL 容量瓶中,转移入 50 mL 容量瓶,用少量水洗涤消解罐 2 ~ 3 次,合并洗涤液于容量瓶中,定容至刻度混匀备用。

微量元素的测定:按仪器操作条件,参照食品安全国家标准 GB 5009.91—2017 食品中钾、钠的测定,GB 5009.92—2016 食品中钙的测定,GB 5009.241—2017 食品中镁的测定,GB 5009.90—2016 食品中铁的测定,GB 5009.242—2017 食品中锰的测定,GB 5009.13—2017 食品中铜的测定,GB 5009.14—2017 食品中锌的测定,分别将样品溶液导入原子吸收光谱仪中进行测定。

4.3.5 氨基酸含量的测定方法

参照 GB/T5009.124—2016《食品中氨基酸的测定》标准进行测定。

4.3.6 苦杏仁苷含量的测定方法

称取以液氮磨碎的粉末 0.3 g，溶解于 3 mL 的纯甲醇中，涡旋混匀，超声提取 30 min，过夜浸提。取上清液 1 mL，在 30℃的温度条件下进行 4 h 的真空浓缩干燥处理，再加入 80% 的乙腈溶液（体积比为：乙腈：水 =80：20）1 mL，以 13 000 r/min 的转速离心 15 min，取上清液进行测定。

利用高效液相色谱法（HPLC）测定苦杏仁苷含量。色谱柱为 Hypersil C18 柱（150.0 mm × 4.6 mm，5 μm），柱温为 30℃。色谱条件：流动相为乙腈：水 =80：20（体积比），流速 1.0 mL/min，检测波长 210 nm，进样量 10 μL，检测时长 6 min。各种成分的测定均设 3 次重复。

4.4　研究结果

4.4.1 部分杏种核、仁性状的测定结果

对新疆南部地区地方杏品种主要核、仁性状的多样性进行了分析，结果如表 4-1 所示。由表 4-1 可知，所测定的 11 项数量性状指标在不同地方品种间均有较大的变异，核质量均值为 1.75 g，其变异系数为 38.18%；其次为仁质量，均值为 0.43 g，其变异系数为 34.01%；出仁率的变异系数排第三，为 24.29%，其中'乌及牙格勒克'的出仁率最小；仁纵径的变异最小，其变异系数为 12.17%。其中，核质量、仁质量及出仁率的变异幅度均较大，表明不同地方品种杏的核、仁质量及出仁率等数量性状均有丰富的多样性，在仁用杏良种选择方面均有很大的潜力。

表 4-1　杏种核、种仁各性状指标的测定结果

品种名称	杏种核性状					杏种仁性状					出仁率/%
	核重/g	纵径/mm	横径/mm	厚径/mm	核形指数	仁重/g	纵径/mm	横径/mm	厚径/mm	仁形指数	
郭西玉吕克	2.07	24.84	21.91	11.82	1.13	0.53	16.55	11.89	5.47	1.39	25.68
牙合里克玉吕克	1.28	21.96	16.85	11.08	1.30	0.35	14.57	9.93	4.47	1.47	27.29
大白油杏	1.53	22.09	17.53	10.56	1.26	0.41	14.74	10.52	5.17	1.40	26.60
克孜玛伊桑	0.61	16.97	13.15	10.15	1.29	0.21	12.17	7.95	4.38	1.53	34.69
旦杏	2.43	22.52	21.06	13.46	1.07	0.70	15.83	13.00	6.52	1.22	28.71
'贾格达玛伊桑'	1.02	24.80	15.15	8.58	1.64	0.40	16.13	9.56	5.38	1.69	39.28
奎克皮曼	3.14	30.77	24.07	14.66	1.28	0.55	18.45	12.45	4.35	1.48	17.66
索格佳娜丽	0.92	19.61	15.32	9.96	1.28	0.25	13.09	8.29	4.39	1.58	26.79
中熟佳娜丽	2.01	22.52	21.12	12.18	1.07	0.49	14.77	11.51	5.38	1.28	24.27
洛浦1号	2.25	29.59	20.48	11.13	1.44	0.43	18.10	10.55	4.41	1.72	19.19
古木杏	2.01	25.37	20.49	12.39	1.24	0.59	17.33	12.02	5.28	1.44	29.36
胡安娜	2.13	22.52	19.46	12.48	1.16	0.49	15.07	10.95	6.06	1.38	23.08
晚熟佳娜丽	1.46	21.33	17.09	10.59	1.25	0.41	14.84	10.27	5.41	1.45	28.00
卡巴克玉吕克	1.10	21.13	18.06	10.71	1.17	0.30	14.70	12.67	4.24	1.16	27.03
'卡巴克西米西'	1.04	19.86	14.73	10.28	1.35	0.22	13.72	7.37	4.57	1.86	21.10
大优佳	2.40	24.26	24.31	15.27	1.00	0.56	16.35	14.26	5.03	1.15	23.25
莎车洪特克	0.85	19.38	17.87	12.70	1.08	0.15	12.58	8.31	3.83	1.51	17.78
乌及牙格勒克	1.90	23.00	18.16	12.46	1.27	0.30	14.74	9.12	4.18	1.62	15.52
青皮杏	2.42	32.75	22.39	11.66	1.46	0.43	17.64	10.27	4.95	1.72	17.76
赛来克玉吕克	1.65	23.99	19.52	11.81	1.23	0.39	16.44	11.76	4.79	1.40	23.64
艾西阿克牙格勒克	3.23	30.07	23.43	14.44	1.28	0.60	18.56	12.52	4.54	1.48	18.53
阿克托拥	1.23	23.63	17.02	9.87	1.39	0.38	15.97	9.54	4.81	1.67	30.99
甜仁杏	1.98	26.25	20.86	11.78	1.26	0.72	16.61	12.03	5.74	1.38	36.55
小白杏	1.38	26.42	17.21	9.02	1.54	0.44	17.19	10.70	4.89	1.61	31.93
洛浦2号	1.68	30.80	18.54	10.50	1.66	0.32	19.95	9.68	3.47	2.06	19.30
库尔勒托拥	1.82	27.81	16.92	10.83	1.64	0.49	17.99	10.16	4.97	1.77	27.18
平均值	1.75	24.39	18.95	11.55	1.30	0.43	15.93	10.66	4.87	1.52	25.43
变异系数%	38.18	16.39	15.52	14.34	13.81	34.01	12.17	15.99	13.99	14.10	24.29

4.4.2 矿质元素的测定结果

4.4.2.1 杏仁中大量元素测定结果

由图 4-1 可知,在 26 个品种杏仁的大量元素含量中,K 元素含量所占比例最大,以品种'卡巴克玉吕克'最高,为 67.14%;'贾格达玛伊桑'最低,为 89.75%。

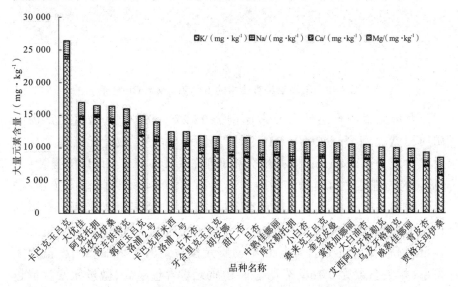

图 4-1　不同品种杏仁中的 K、Na、Ca、Mg 含量

4.4.2.2 杏仁中微量元素测定结果

由图 4-2 可知,Fe、Zn 含量与 Mn、Cu 含量差异较大,其中 Fe 含量范围为 31.77 ~ 76.27 mg/kg;Zn 含量范围为 32.68 ~ 98.79 mg/kg;Mn 占总微量元素比例范围为 4.50 ~ 21.17 mg/kg;Cu 占总微量元素比例范围为 7.21 ~ 20.28 mg/kg。'奎克皮曼'总微量元素最高,为 187.62 mg/kg;'晚熟佳娜丽'总微量元素最低,为 95.72 mg/kg。所检测的试样中,锌元素含量差异较大,其次是铁元素,铜元素第 3,锰元素含量差异较小。

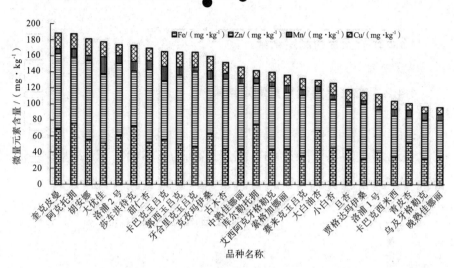

图 4-2　不同品种杏仁中的 Fe、Zn、Mn、Cu 含量

　　大量元素中占总矿质元素比例为 98.27%~99.38%，微量元素占总矿质元素比例为 0.62%~1.73%。对大量元素含量、微量元素和总矿质元素含量进行 Pearson 相关性分析，相关系数在 0.8~1.0 为极强相关，0.6~0.8 为强相关，0.4~0.6 为中等程度相关，0.2~0.4 为弱相关，0.0~0.2 为极弱相关或无相关。大量元素含量与总矿物质元素含量两者呈极强正相关关系，相关系数为 1.000，表明总矿物质元素含量越高，大量元素含量越高；微量元素含量与总矿物质元素含量两者呈中等程度正相关关系，相关系数为 0.766，表明总矿物质元素含量越高，微量元素含量越高（见表 4-2）。

表 4-2　大量元素含量、微量元素与总矿质元素含量相关性分析

指标	Pearson 相关系数	显著性（双尾）	n（样本数量）
大量元素含量与总矿物质元素含量	1.000**	0.000	26
微量元素含量与总矿物质元素含量	0.766**	0.000	26

　　注：** 表示相关性在 0.01 水平上显著（双尾）。

4.4.3 氨基酸的测定结果

在 26 种杏仁中均检测出 17 种氨基酸,其中含有人体必需的 7 种氨基酸,即苏氨酸、缬氨酸、甲硫氨酸、赖氨酸、异亮氨酸、亮氨酸、苯丙氨酸。26 个品种杏仁的总氨基酸含量(total amino acids,TAA)关系如图 4-3 所示。供试杏仁的总氨基酸含量不一,范围为 42.868~11.84 g/100 g。其中 TAA 含量最高的'旦杏',为每 100 g 含 42.868 g/,含量最低的'甜杏仁',为每 100 g 含 11.84 g/。

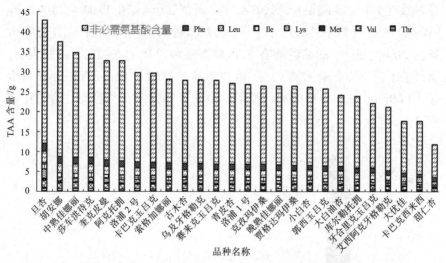

图 4-3　不同品种杏仁总氨基酸含量测定结果

必需氨基酸(essential amino acids,EAA)为 Phe、Leu、Ile、Lys、Met、Val、Thr 含量之和。26 个品种杏仁 EAA 的含量以品种'旦杏'最高,为 13.276 g/100 g,EAA 含量最低的品种为'甜仁杏',4.150 g/100 g(见图 4-3)。

在 26 个品种中 EAA 含量占 TAA 含量的范围为 23.05% ~ 30.38%。对 TAA 含量和 EAA 含量进行相关性分析(见表 4-3),两者呈极显著正相关关系,相关系数为 0.966,表明 TAA 含量越高,EAA 含量越高。

表 4-3　TAA 与 EAA 含量相关性分析

指标	相关系数	显著性	n(样本数)
TAA 含量与 EAA 含量	0.966**	0.000	26

注:** 表示相关性在 0.01 水平上显著(双尾)。

4.4.4 苦杏仁苷的测定结果

对南疆 88 个杏的苦杏仁苷含量范围以 5 mg/g 进行划分等级,结果如图 4-4 所示。由图可知,检测到的杏种仁中苦仁苷含量为 0.95 ~ 36.06 mg/g。其中,苦杏仁苷含 < 5.00 mg/g 的品种数最多,有 66 个,占调查品种总数的 75%;苦杏仁苷含量在 5.00 ~ 10.00 mg/ g 的品种数有 2 个,占调查品种总数的 2.27%;苦杏仁苷含量在 10.00 ~ 15.00 mg/g(苦)的品种数有 4 个,占调查品种总数的 4.54%;苦杏仁苷含量在 15.00 ~ 20.00 mg/g(较苦)的品种数有 10 个,占调查地方品种总数 11.36%;苦杏仁苷含量 > 20.00(极苦)的品种数有 6,占调查品种总数的 6.82%。由此表明,南疆杏仁中,均含有苦杏仁苷,结合多年的感官评价,苦杏仁苷含量少于 10.00 mg/ g 的品种为甜仁类型。由此表明南疆杏仁种甜仁杏占比达 77.3%。

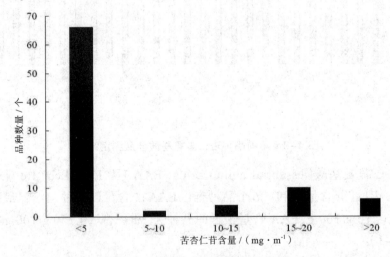

图 4-4 苦杏仁苷含量的变异范围

4.4.5 主成分分析

对 26 个品种的主要营养成分进行分析,结果如图 4-5 所示,'奎克皮曼''阿克托拥'和'胡安娜'在分别位于前三,其微量元素、氨基酸总含量高,苦杏仁苷含量低,是优良的仁用杏品种;'中熟佳娜丽''旦杏'的微量元素、氨基酸总含量中等,但其苦杏仁苷含量较高,可作为药用品种选育；'卡巴克西米西'位于微量元素、氨基酸总含量和苦杏仁苷含量均低,不建议作为仁用品种。

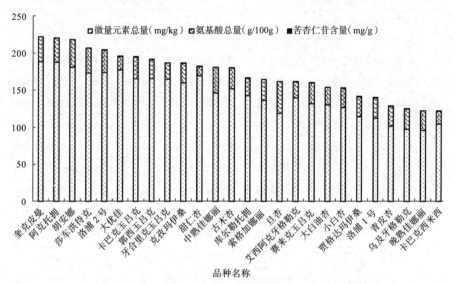

图 4-5　不同品种杏仁主要营养性状测定结果

　　首先对 26 个试样的矿质元素、氨基酸、苦杏仁苷进行主成分分析,前 4 个主成分的累积方差贡献率达到了 89.066%,说明根据矿质元素、氨基酸、苦杏仁苷含量评价杏仁质量,前 6 个因子起主导作用。其中第 1 主成分的方差贡献率最大为 53.784%,且第 1 主成分主要以 15 种氨基酸的载荷系数较大,为第 1 主成分影响最大的因子;第 2 主成分的方差贡献率为 13.076%,Zn、Cu、Fe 元素成为第 2 组分中的重要决定因子;第 3 主成分的方差贡献率为 7.235%,包括苦杏仁苷、K、Mn;第 4 主成分的方差贡献率为 5.991%,包括半胱氨酸和甲硫氨酸;第 5 主成分的方差贡献率为 4.871%,包括 Ca、Mg;第 6 主成分的方差贡献率为 4.109%,主要影响因子为 Na;由于总方差的 50% 以上贡献率来自于第 1 主成分,故除半胱氨酸、甲硫氨酸外的其余 15 种氨基酸为杏仁的特征性元素(见表 4-5)。

表 4-5　主成分分析特征根、方差贡献率和主成分矩阵

成分	氨基酸的初始特征值			性　状	主成分					
	特征值	方差贡献率 %	累计方差贡献率 %		1	2	3	4	5	6
1	13.984	53.784	53.784	丙氨酸	0.978	−0.013	−0.101	0.024	0.003	0.005

成分	氨基酸的初始特征值			性 状	主成分					
	特征值	方差贡献率 %	累计方差贡献率 %		1	2	3	4	5	6
2	3.4	13.076	66.86	亮氨酸	0.977	−0.032	−0.154	0.103	−0.001	0.014
3	1.881	7.235	74.095	缬氨酸	0.966	−0.056	−0.091	0.191	−0.017	−0.009
4	1.558	5.991	80.086	精氨酸	0.959	0.099	−0.136	0.017	−0.086	−0.066
5	1.267	4.871	84.958	苏氨酸	0.954	0.118	0.006	0.052	0.124	0.097
6	1.068	4.109	89.066	甘氨酸	0.950	−0.009	−0.070	0.144	0.073	0.000
				谷氨酸	0.947	0.006	−0.144	−0.015	−0.100	−0.111
				丝氨酸	0.944	0.116	0.154	−0.088	0.013	0.089
				苯丙氨酸	0.942	0.097	−0.119	0.080	0.016	0.044
				脯氨酸	0.940	0.196	0.057	0.095	−0.087	−0.076
				酪氨酸	0.931	0.222	−0.001	0.043	0.011	−0.002
				异亮氨酸	0.923	0.027	−0.150	0.277	−0.004	−0.045
				组氨酸	0.912	0.111	0.062	0.176	0.051	0.072
				天冬氨酸	0.887	0.096	0.061	−0.128	−0.041	−0.173
				赖氨酸	0.869	−0.111	−0.033	0.172	0.086	0.143
				Zn	−0.008	0.841	−0.006	0.091	0.246	−0.066
				Cu	0.270	0.811	0.323	0.010	0.107	−0.034
				Fe	0.155	0.629	0.024	−0.229	−0.353	0.135
				苦杏仁苷	−0.132	−0.233	0.839	−0.133	0.063	0.132
				K	0.075	0.361	0.833	−0.087	−0.219	−0.040
				Mn	−0.214	0.338	0.798	−0.021	0.008	−0.195
				半胱氨酸	0.072	−0.008	−0.078	0.905	−0.137	−0.194
				甲硫氨酸	0.478	−0.055	−0.175	0.812	0.138	0.075
				Ca	0.082	−0.032	−0.218	−0.023	0.800	−0.219
				Mg	−0.053	0.475	0.234	−0.082	0.744	0.202
				Na	−0.006	0.006	−0.050	−0.131	−0.105	0.958

4.4.6 基于种仁代谢产物的聚类分析

基于 17 种氨基酸、糖类、苦杏仁苷等,共 46 种物质使用欧氏距离,进行聚类分析,由图 4-6 可知,基于 46 种物质构建聚类树可将 88 种南疆杏种仁分为 2 大类。由图 4-6 可知,在欧式距离为 16 时,首先将第 Ⅰ 类中的'紫杏'和'阿里瓦拉'2 个类型与所有的普通杏分开;杏仁品质相似,具体可将普通杏细分为五大类:'大白油杏''晚熟佳娜丽''亚布拉克佳娜丽''小黄杏''洛浦 2 号''大黄毛杏''早毛杏''托乎提库都''木隆杏''木孜加娜丽''吊干杏'等与第 Ⅰ 类中的'紫杏'和'阿里瓦拉'2 个类型的相差较大。

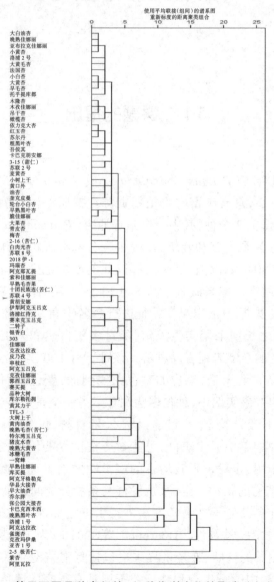

图 4-6　基于不同品种杏仁的 46 种代谢产物的聚类分析树状图

第 5 章　新疆南部杏遗传多样性和紫杏的分子鉴定

5.1　课题的提出

中国是世界杏（*Prunus armeniaca* L. 或 *Armeniaca* Mill.；$2n = 2x = 16$）的起源中心，具有丰富的杏植物资源。按照《中国植物志》对杏的分类，新疆涵盖了 2 个种，其中一个是普通杏（*P. armeniaca* L.），按照其栽培方式可分为野生杏和栽培杏，野生杏分部在天山山脉以北，栽培杏主要分布在天山山脉以南、昆仑山脉以北的南疆地区，具有悠久的栽培历史，栽培杏通常以地名命名：'库车小白杏''轮台小白杏人名'；或以人名命名（'赛买提'）或以果实特征进行命名（'黄胡安娜'）。由于其自交不亲和、加之长期采用实生繁殖、经过多年自然和人工选择，形成了丰富而又古老的新疆杏地方品种群。该种下有 100 多个品种类型，它们中大多数果皮光滑无毛，果皮的颜色由浅到深，颜色艳丽，果实比华北和西北地区的杏果实偏小，种仁多为甜仁。另一个是紫杏（*P. dasycarpa* Ehrh.），该种下变异类型少，目前只有 2 份材料，仅在新疆南部零星分部。这两个种均属中亚生态群，可能对杏在世界的传播、驯化过程中起到了重要的作用，也对世界栽培杏的多样性做出了重大贡献，但有关新疆杏（亚）属植物的物种鉴定、系统发育关系和分类问题报道的较少。

前人通过多种分子生物学方法进行了广泛而深入的研究说明中国杏在世界种质中的重要性。Decroocq 等（2016）为了研究栽培杏的驯化及其抗病相关的性状，在全世界采集包括野生类型共 342 份样品，结果表明中亚杏、中国野生杏和栽培杏资源具有很高的遗传多态性，提供了中国是世界杏起源中心的分子依据。Maghuly 等（2005）利用简单序列重复（SSR）标记对 133 份栽培杏和 3 份不同地理来源的近缘种研究表明中亚杏品种在系统分化树上的独特位置，支持大多数栽培杏品种都有亚洲祖先的假设，并指出紫杏（ *P. dasycarpa* Ehrh.）与普通杏的亲缘关系较远。Halász 等（2007）也指出中国是杏的起源中心，提出中国杏属于自交不亲和类型而大多数欧洲杏则属于自交亲和的类型。

新疆杏的栽培历史悠久，又是古丝绸之路的必经之地，对杏在世界的传播起了重要的作用。由于这一地区的居民主要采用种子繁殖杏树，形成了丰富多样的新疆杏品种群。苑兆和等（2007）利用荧光 AFLP 分子标记研究了 86 份来自喀什、和田、库车三个地方的杏品种（系）的遗传多样性研究，结果发现三个群体为相对独立的孟德尔遗传群体，偶尔发生种质交换，每个地区的杏都具有高度的遗传多样性。刘娟等（2014）利用 ISSR 标记对新疆的 48 个品种（系）遗传多样性分析及 DNA 指纹图谱库构建，结果表明，新疆主栽杏品种（系）的遗传多样性较丰富，亲缘关系相对较近。何天明等（2007）利用 SSR 标记对喀什、和田、库车三个地区的 22 份杏种质遗传多样性研究，指出根据果实形态和地理来源对杏进行传统分类并不能完全反映出新疆杏品种间的亲缘关系，亚群中的遗传分化主要来自居群内变异。Hagen 等（2002）利用 AFLP 分子标记，研究提出紫杏是法国杏和梅的杂交后代。Li 等（2014）利用 ISSR 标记和 SRAP（sequence-related amplified polymorphism）标记研究中国北方栽培杏的遗传多样性和亲缘关系，发现新疆杏种质的遗传多样性最为丰富，'紫杏'单独聚为一类，且可能不是与梅的杂交后代。Zhang 等（2014）通过利用 SSR 标记研究中国栽培杏的遗传多样性时，研究表明新疆栽培杏种质与中国栽培杏的亲缘关系较远，而特有种'紫杏'与所有的普通杏的亲缘关系都较远。这些研究对新疆杏资源的研究奠定了基础，但仍不能够很好地解释新疆 2 个栽培杏的归属问题，另一方面还不能够说明该物种的系统发育关系。

综上所述，越来越多的研究表明新疆杏（亚）属植物在世界杏基因库和栽培杏遗传改良中具有重要的地位和价值，但是针对新疆 2 个杏（亚）属植物资源相比其他杏的类型，变异幅度大，变异范围广，研究者持有不同的观点。由于采样量本情况不同、加之研究方法不同，对于新疆杏（亚）属植物的遗传多样性、分类地位、系统发育等重大生物学问题研究进展缓慢且分歧很大，是亟待解决的问题。

本研究将基于 SCoT 标记、DNA 条形码和简化基因组测序等分子生物学的方法,对新疆杏(亚)属植物进行分类、鉴定和系统发育关系进行研究,并从分子水平解析其遗传多样性、亲缘关系;为有效保护和充分利用新疆杏(亚)属植物资源提供理论依据。

5.2 前人研究进展

5.2.1 杏(亚)属植物种质资源及其分布

国内外分类学家对杏(亚)属的分类学界定始终具有争议,Lee 等(2001)在对蔷薇科的分类研究中指出:杏属最早出现在 Tournefort(1700 年)的分类系统中,该分类系统依据果实的形态学将李属下划分为 6 个不同的属,杏属便被确立为 *Armeniaca* Miller。该学派的分类学家大多注重于某几个形态特征如叶片、枝条颜色、花冠大小等性状来分类(Rehder 1940, Mega et al 1998, Horiuchi et al 1996)。1754 年,林奈在 *Genera Plantarum* 也认同杏属的分类。另一方面,有关杏组的概念源于 1865 年,Bentham 和 Hooker 将最初由 Tournefort 命名的 6 个属合并为一个大属李属,并将属内分为 7 个组,杏组便由此得名,同时也被国外很多学者所接收。但 Koehne 后来又将这个大的李属分为 7 个亚属,杏亚属便由此得来。

表 5-1 杏的主要划分系统

Bailey(1916)	Rehder(1940)	Lingdi & Bartholomew(2003)
Genus *Prunus*	Genus *Prunus*	Genus *Armeniaca*(Apricots)
Prunophora		*Armeniaca vulgaris* L.
Sub-genera(plums, prunes & apricot)	Sub-genera *Prunophora*	var. *vulgaris* L.
Prunus armeniaca L.	Sections	var. *zhidanensis* Qiao & Zhu
var. *pendulata* Dipp.	Euprunus(European/ Asian Plums)	var. *ansu* Maxim
var. *variegata* Hort.	Pronocerasus(North American plums)	var. *meixianensis* Zhang

续表

Bailey（1916）	Rehder（1940）	Lingdi & Bartholomew（2003）
var. *sibirica* Koch.	Armeniaca（Apricots）	var. *xiongyueensis* Li
var. *mandshurica* Maxim.	*P. brigantina* Vill.	*Armeniaca limeixing* Zhang & Wang
var. *ansu* Maxim.	*P. mandshurica* Maxim.	*Armeniaca sibirica* L.
P. mume Sieb. & Zucc.	*P. sibirica* L.	var. *sibirica* L.
var. *goethartiana* Koehne.	*P. armeniaca* L.	var. *pubescens* Kostina
var. *albo-plena* Hort.	*P. armeniaca variegata* Schneid.	var. *multipetala* Liu & Zhang
P. brigantiaca Vill.	*P. armeniaca pendula* Jaeg.	var. *pleniflora* Zhang
P. dasycarpa Ehrh.	*P. armeniaca Ansu* Maxim.	*Armeniaca holosericea* Batal.
	P. mume Sieb. & Zucc.	*Armeniaca hongpingensis* Li
	P. mume alba Rehd.	*Armeniaca zhengheensis* Zhang & Lu
	P. mume Alphandii Rehd.	*Armeniaca hypotrichodes* Cardot
	P. mume albo-plena Bailey.	*Armeniaca dasycarpa* Ehrh.
	P. mume Pendula Sieb.	*Armeniaca mandshurica* Maxim.
	P. mume tonsa Rehd.	var. *mandshurica* Maxim.
	P. dasycarpa Ehrh.	var. *glabra* Nakai
		Armeniaca mume Sieb. & Zucc.
		var. *mume* Sieb.
		var. *pallescens* Franc.
		var. *cernua* Franc.
		var. *pubicaulina* Qiao & Shen

　　我国植物学分类学家和果树分类学家对杏的分学地位意见不一。俞德浚（1979）在《中国果树分类学》中,杏归为蔷薇科（Rosaceae）李亚科（Prunoideae）杏属果树（*Armeniaca* Mill.）其中包括普通杏（*Armeniaca vulgaris* Lam. 或 *Prunus* armeniaca L.）、西伯利亚杏（*Armeniaca sibirica* Lam. 或 *Prunus sibirica* L.）藏杏 [*Armeniaca holosericea*（Batal.）Kost. 或 *Prunus armeniaca* var. *holosericea* Batal]、东北杏（*Armeniaca mandshurica*（Maxim）Skvortz. 或 *Prunus mandshurica* Koehne.）和梅（*Armeniaca mume* Sieb. 或 *Prunus mume* Sieb. & Zucc.）共 5 个种。但很多国外学者和近期做蔷薇科植物分类研究的学者更加认同杏组的分类,即杏亚属的分类方法。有关杏属的物种数量也存在较大的分歧,主要原因在于缺乏一个系统的框架和认同的标准。学者们认为全世界有 3 ~ 12 种不等。针对中国原产的杏属植物数量也颇具争议,我国著名学者吴征镒认为中国原产的杏属植物有 10 个种,俞德浚认为有 5 个种,在《中国植物志》中记载的杏有 7 个种。国外大多数学者认同原产我国的只有 6 个种,包括普通杏（*Prunus. armeniaca* L.）、藏杏（*P. armeniaca* var. *holosericea* Batal）、东北杏 [*P. mandshurica*（Maxim）Koehne.]、西伯利亚杏（*P. sibirica* L.）、紫杏（*P. dasycarpa* Ehrh.）和梅 [*P. mume*（Siebold）Siebold & Zucc.]。现将主要学派对杏属的分类及其数量进行了梳理,见表 5-1。

　　另外,通过国际知名互联网获得一些关于杏（亚）属植物数据。IPNI（International Plant Name Index,国际植物命名索引）是目前收录植物最全的网站,截止 2019 年 1 月 1 日该网站共收录杏（亚）属中的 6 个种,该索引是对目前文献中出现的杏名称的汇总。Species 2000 中还没有收录相关杏的数据资源；The plant list（http：//www.theplantlist.org/）是较为权威的植物分类网站,在该数据库中收录的杏（亚）属植物中,仅仅明确了普通杏的分类学地位（见表 5-2）,其中西伯利亚杏（*P. sibirica* L.）、紫杏（*P. dasycarpa* Ehrh.）被视为异名同物,其余的都被视为变种材料看待。由此可见,该属植物的植物系统分类问题尚未解决,存在较大争议。

表 5-2　杏(亚)属植物源自 The plant list (http : //www.theplantlist.org/)

Name	Status	Souce	Date submited
Prunus armeniaca L.	Accepted	RJP	2011-10-18
Prunus armeniaca Thunb.	Unresolved	RJP	2011-10-18
Prunus armeniaca Blanco	Unresolved	RJP	2011-10-18
Prunus armeniaca Weston	Unresolved	RJP	2011-10-18
Prunus armeniaca Chevall.	Unresolved	RJP	2011-10-18
Prunus armeniaca var. *ansu* Maxim.	Unresolved	RJP	2011-10-18
Prunus armeniaca var. *dasycarpa*(Ehrh.) K. Koch	Synonym	TRO	2012-04-18
Prunus armeniaca var. *holosericee* Bstalin	Unresolved	RJP	2011-10-18
Prunus armeniaca var. *mandschurica* Maxim.	Unresolved	RJP	2011-10-18
Prunus armeniaca var. *sibirica* (L.) K.Koch	Synonym	WCSP	2012-03-23

　　我国是杏的原生起源中心和分布中心,杏资源分布十分广泛,南起福建,北至黑龙江;东起吉林,西至新疆。根据《中国植物志》、中国数字标本馆数的分布调查研究表明,杏(亚)属植物大致分布在北纬 19° ~ 48°,覆盖了全国大多数省份和地区。根据《中国植物志》绘制了世界上公认的中国的杏(亚)属植物分布图。从地理分布来看,分布最为广泛的种,分别是普通杏、山杏和梅。大致以长江流域为界,普通杏、山杏主要分布在长江流域以北,梅主要分布在水分较为充足的长江流域以南;西伯利亚杏和东北杏主要分布在东北地区和内蒙古等地。普通杏(*P. armeniaca* L.)的分部范围广泛,变异类型最多,前人又按照其适应性和形态特征将其分为 6 个地理生态群:中亚种群、伊朗高加索种群、欧洲种群、准葛尔 - 伊犁生态种群、华北生态群和华东种群(Layne et al 1996)。新疆北部的伊犁地区的野生杏准葛尔 - 伊犁生态种群;新疆南部的杏(亚)属植物属于中亚种群;其中,紫杏(*P. dasycarpa* Ehrh.)和藏杏是分布范围很窄的狭域种或特有种。

　　综上所述,新疆杏(亚)属植物是中亚种群的重要类群,紫杏(*P. dasycarpa* Ehrh.)与普通杏均属新疆的特色果树,在进行鉴别时,根据植株特性、花或者果实特征,难以准确地进行物种鉴别,有待利用分子标记的方法进行有效鉴别。

5.2.2 杏(亚)属植物的系统发育

植物的系统发育和进化研究主要是通过化石记录、植物表型特征性状和生理性状、DNA 分子标记、以及 DNA 序列而展开的物种演化历程及各物种之间进化关系研究(葛颂,1994)。通过研究杏(亚)属植物的起源和遗传演化过程,有利于揭示该(亚)属植物居群与环境及其地理分布之间的相关性和属内原始种群的演化及各类群间的关系;还利于研究物种的濒危机制并制定科学有效的保护策略。系统发育学的研究方法从简单易行的形态学标记、细胞学标记、后来发展到的生化标记和分子标记,早期的杏(亚)属植物系统发育主要使用前三种基于表型的标记。通过研究生物的遗传多样性和系统发育,可以明晰物种的起源、分化,并从中筛选特异种质,为物种的资源保护和遗传改良提供理论基础。近年来,随着分子生物学的快速发展和应用,使得杏(亚)属植物系统发育关系研究取得了许多成果。

5.2.2.1 形态学标记在杏(亚)属植物系统发育研究的应用

形态学标记是通过直接观察或者使用仪器测量获得的一些植物生物学特征,也是最为传统和简便易行的鉴定方法。形态学的表型性状主要是通过花期、花色、花形、果实成熟期、果实大小、果实颜色、果核大小、果核颜色、叶片物候期、叶片大小、叶柄粗细、颜色、形状以及整个植株的性态特征进行鉴定。王家琼等(2016)认为杏的叶柄直径、叶片大小、叶片光滑度、核大小、核表面纹饰等性状的信息量大,可作为杏属植物分类中的主要依据,通过聚类分析将杏属植物分为两类:其中普通杏、东北杏、紫杏为一类,西伯利亚杏、藏杏、洪平杏和梅分为另一类。章秋平等(2015)利用杏的形态学数据对我国部分普通杏进行资源评价并筛选出初级核心种质。此外,还可以利用果树的物候期、树形、生长习性将这些表型做为分类学依据进行辅助分类。

5.2.2.2 孢粉学在杏(亚)属植物系统发育研究中的应用

花粉作为有花植物的重要器官,其显微形态特征对植物亲缘关系鉴定、植物科学的分类,提供了科学依据,也为探讨物种系统发育关系和自然演化提供了线索(Walker,1974,Salmaki et al,2008)。Walker(1974)认为植物属、种和品种间花粉形态特征较为稳定,由于它受环境影响很小因被广泛用于物种的亲缘关系鉴定分析、植物系统发育等研究。Salmaki 等(2008)通过观察花粉形状、对称性、大小和极性,以及花粉萌发孔的位置、结构和数量,花粉壁的表面饰纹、光滑程度等性状探讨植物起源、演化和亲缘关系。Arzani 等(2005)研究伊朗 11 个栽培杏品种花粉外壁纹饰,尤其是孔穴特征和条脊差异明显,认为结合树形等其他特征特性可作为鉴别杏品种的重要途径之一。罗新书等(1992)对杏品种的孢粉学研究表明,利用花粉表面纹饰并结合聚类分析对杏品种进行分类是一个非常有效的方法。但要对品种进行较为全面的分类,还应结合品种的植物学特性和生物学性状;还特别指出新疆南部的栽培杏与华北地区的栽培品种的亲缘关系较远,其起源问题有待进一步研究。董英山等(1991)利用孢粉学并结合同工酶鉴定的方法研究杏的进化关系,结果表明,东北杏比普通杏与西伯利亚杏都原始,普通杏略早于西伯利亚杏的进化,这两个种处于非常相近的进化阶段。刘有春等(2010)通过对仁用杏、普通杏和西伯利亚杏的花粉形态和花粉外壁附属物进行观察,得出仁用杏可能来源于普通杏与西伯利亚杏的天然杂交种,部分仁用杏还有可能直接起源于普通杏的甜仁类型。廖明康等(1994)用扫描电镜对杏属的 4 个种的花粉形态观察,表明不同品种花粉的形状、大小、外表纹饰排列及萌发孔等特征存在明显的差异,花粉形态在种间分类上有重要参考价值,但在品种鉴定上的意义不大。

5.2.2.3 细胞学标记在杏(亚)属植物系统发育研究中的应用

通常细胞学标记是指在细胞水平上的遗传多样性,它是利用染色体数目和结构变异来分析物种的系统进化关系,通过染色体的整倍性、非整倍性、染色体核型(大小、着丝点的位置、随体有无)和带型(G 带、C 带和 N 带等)差异进行研究。林盛华(2001)对普通杏、藏杏、东北杏、西伯利亚杏 4 个种进行核型研究发现:普通杏和东北杏的核型相似为

"2A"型,西伯利亚杏和藏杏的核型相似为"2B"型;认为在杏属植物进化中,藏杏、西伯利亚杏比较原始,普通杏属于进化种,东北杏介于他们之间。

5.2.2.4 生化标记在杏(亚)属植物系统发育研究中的应用

同工酶和等位酶标记是生化标记的两种主要类型,是在蛋白质水平上的遗传多样性。葛颂等(1994)认为:等位基因与等位酶谱带之间有着明确关系,等位酶标记早已成为一种研究物种等位基因的有效方法。由于等位酶标记属于共显性标记,加之该实验条件简单、成本低廉、结果可靠,且在实验技术、数据分析等方面有统一的标准,已成为植物鉴定、系统发育和遗传进化研究的重要手段(Crawford,1990)。吕英民等(1994)利用过氧化物同工酶进行杏属植物演化关系研究认为:杏属植物以自然地理隔离方式进化的,在杏的演化关系中普通杏最为原始,西伯利亚杏、东北杏、藏杏和梅等种均由普通杏进化而来。Zhebentyayeva等(2001)发现中国杏品种群的同工酶多态性为66.7%,高于欧洲杏的同工酶多态性位点(41.7%),说明中国杏群体的遗传多样性要比欧洲杏更加丰富。

Byrne(1990)通过凝胶电泳检测105份材料的6种同工酶的多态性,研究紫杏的起源,结果表明,紫杏至少含有2个李和2个杏的特异等位基因,支持紫杏是普通杏和樱桃李的自然杂种的观点。

5.2.2.5 常规分子标记在杏(亚)属植物系统发育研究中的应用

由植物形态变异的认识差异而产生的分类学问题,借助于独立于形态特征之外的分子标记技术显得更具说服力。DNA 分子标记是继形态标记、细胞标记和生化标记而发展起来的一种以 DNA 分子水平的多态性为基础的遗传标记。与植物"表型特征"标记相比,它不易受植物发育阶段和外界环境的影响,该标记多态性高、数量多、具有遗传稳定等优势。随着分子生物学技术的发展,国内外学者利用 RAPD、ISSR、SSR、AFLP 等多种分子标记对杏进行遗传多样性研究。为研究杏的分类和系统发育提供了新的科学依据。

Takeda 等(1998)使用 RAPD 技术对紫杏(*P. dasycarpa* Ehrh.)、普通杏和杏的变种进行亲缘关系研究,认为紫杏(*P. dasycarpa* Ehrh.)

的亲缘关系介于法国杏和梅之间,法国杏与普通杏和及其变种的亲缘关系较远。Hagen 等(2002)为了研究普通杏、梅、卜瑞安康杏、紫杏(*P. dasycarpa* Ehrh.)和藏杏的亲缘关系,利用 AFLP 分子标记,对 50 份材料(变种或类型)进行研究,结果表明,所有的种都与普通杏有较近的亲缘关系,认为藏杏划分为普通杏的变种比划分成为独立种更为合理。

苑兆和等(2007)采用荧光 AFLP 技术对普通杏 45 个类型、西伯利亚杏和东北杏进行聚类分析,初步认为他们的演化趋势为:普通杏→东北杏→西伯利亚杏;冯晨静等(2005)采用 ISSR 技术,对普通杏、西伯利亚杏、东北杏、藏杏及紫杏等 14 份杏种质材料的亲缘关系进行研究结果表明,普通杏与西伯利亚杏、东北杏及藏杏的亲缘关系较近而与紫杏(*P. dasycarpa* Ehrh.)的亲缘关系较远。Li 等(2014)采用 ISSR、SSR 和 SRAP 分子标记技术,分别对 21 个西伯利亚杏种群、14 个伊犁河谷野生杏种群和西北地区栽培杏品种研究,结果表明,造成西伯利亚杏群体遗传分异的主要原因是异花授粉和自交不亲和的繁殖方式;普通杏的遗传多样性非常丰富,其中中亚生态群与伊犁河谷野杏的亲缘关系最近。

5.2.2.6 EST-SSR 分子标记在杏(亚)属植物系统发育研究中的应用

EST-SSR 标记来源于基因组编码序列,是一种有功能的分子标记,它是从表达序列标签(expressed sequence tag)中开发简单重复序列 SSR(simple sequence repeat)标记。通过对具体物种基因组微卫星序列分布和变异的研究,以阐明物种起源、进化和人工选择的历史进程;另外,突变率低而较稳定的 EST-SSR 标记可被用于重建历史久远的物种进化事件,有助于了解群体分化和选择瓶颈。有研究表明,来源于梅的 EST-SSR 引物在杏中有很高的通用性,能够把梅和杏区分开来,说明杏和梅是遗传差异明显的两种植物(上官凌飞,2010)。上官凌飞等(2011)利用在杏上开发的 EST-SSR 引物,对其进行聚类分析结果表明,果梅与花梅是同一个种的不同类型,而杏和梅是遗传差异明显的两种植物。

5.2.2.7 DNA 条形码分子标记在杏(亚)属植物系统发育研究中的应用

植物分类学从最初的形态学分类,逐步发展到 DNA 分子标记,如 RAPD、AFLP、EST-SSR 和 SSR 等方法进行植物分类研究。这些常规的 DNA 分子标记多为"匿名标记",片段间差异的同源性受到质疑。由于基于传统的形态学特征进行物种鉴定受到地理环境、物候期和鉴定者个人见解等诸多不可避免的缺点,而 DNA 条形码技术满足了对物种的快速准确鉴定的需求,已被广泛应用于植物各分类阶元的系统学研究,为解决长期具有争议的和亟待解决的植物系统进化问题提供了工具。

DNA 条形码技术是通过利用一段短的、容易扩增的、具有足够变异、标准的 DNA 序列来对生物物种进行快速鉴定的方法(http://www.barcodeoflife.org/)。在杏的分子系统发育与进化研究中,已先后利用 DNA 片段构建了不同类群的系统发育。刘艳玲等(2007)利用 ITS 序列测序后推测核果类系统关系时认为:杏属中普通杏与梅的关系比较远;王化坤等(2010)采用 ITS 序列推测核果类进化关系时,结果表明,东北杏比普通杏和西伯利亚杏原始,由杏进化发育产生梅。虽然他们都采用相同的 ITS 序列,但基于该序列构建的进化树的结果差异却很大,一方面可能是由于核基因 ITS 序列的信息位点有限,另外一方面很可能是属内取样数目少、覆盖的变异有限所致。王化坤(2007)采用叶绿体基因 atpB-rbcL 推测核果类进化关系时,杏属样本包括了西伯利亚杏、东北杏、藏杏和梅,在构建核果类系统发育树时,西伯利亚杏、辽杏首先聚在一起,再与藏杏、梅和李以 100% 的支持率聚在一起;这与之前采用 ITS 序列片段对杏属系统发育研究获得的结果有较大差异,很有可能是叶绿体基因 atpB-rbcL 在杏属植物中的高度保守性和样本的局限性所致。为了研究突尼斯杏的遗传多样性和系统发育关系,利用叶绿体 DNA 的 trnH-trnK 序列,该序列富有多个变异信息位点,为系统发育研究提供了新的视角(Mohamed et al 2014)。章秋平等(2017)利用叶绿体 trnL-trnF 序列,研究表明,紫杏的杂交来源的亲本是樱桃李。该序列有在种间变异不同的特点,被称为植物系统分类和分子鉴定的高效片段。因此,不论是来自叶绿体基因组、或者间隔区、还是核基因组间隔区,都存在错误鉴定的优缺点,而采用多基因标记,产生鉴定和分类错误的几率将会显著降低。

随着分子生物学和测序技术的快速发展,DNA 条形码技术为物种鉴定和系统进化研究提供了研究思路,并已广泛地用于柑橘属(于杰,2011)、秋海棠属(赵博,等,2016)、柿属(Tang et al,2014)等多种植物的系统发育研究。因此,本书希望通过对国际上通用的 ITS 序列和 3 个叶绿体基因序列(matK、trnH-psbA 和 rbcL)并结合 NCBI 数据库中世界公认的杏（亚）属植物数据，筛选出适合中国（原产）杏亚属植物的 DNA 条形码片段，重建该属的系统发育关系，探讨其系统演化过程，为杏的系统发育、分类研究和新疆杏的鉴定提供分子依据。另一方面，由于我国杏（亚）属植物研究多集中栽培杏（经济价值高、栽培范围广的普通杏）及其近缘物种梅的研究。本研究将结合公共数据库中公布的杏 ITS、*matK*、*trn*H- *psb*A 和 *rbc*L 序列，对我国杏（亚）属植物间的系统发育关系进行初步评价。

5.2.2.8 SNP 在植物系统发育研究中的应用

SNP（单核苷酸多态性）在植物系统发育中的应用，最早是由 Lander（1996）提出，被归为第三代分子标记。它是基因组序列上单个核苷酸（碱基）变异而导致的序列多态性，在多数物种中分布广泛、含量丰富。从严格意义上讲，基因组中还有很多超过一个核苷酸碱基的插入 / 缺失（insertion/deletion, InDel），这种变异被归为 SNP 标记的类型（Batley et al，2003）。与常规的分子标记相比，单个 SNP 所提供的信息量相对较小，但它也在基因组 DNA 序列中含量丰富、多态性高、分布广泛；其次，该变异可实现规模化和自动化检测，准确度较高、稳定性好、效率高，因此 SNP 标记具有更加广泛的应用情景（Brookes 1999, Fujii et al，2013）。随着高通量测序技术的快速发展，使得其成本大幅下降、所需时间大幅缩短，该技术适用于物种进化、基因组关联和植物系统发育等研究（Tokyo and Shingo，2016）。

人类基因组计划（Human Genome Project, HGP）是最早开始应用 SNP 分子标记研究，结果表明，平均每 1.3 kb 的 DNA 序列就有一个 SNP 的存在（Brookes 1999），该标记在人类基因组计划中发挥了重大的作用。随后该标记技术被广泛地应用于模式植物和经济作物中。随着测序技术的快速发展，更多物种的基因组序列被公布，为该标记的广泛应用提供了便利。简化基因组测序的概念由 Miller 提出，他们开发了限制性内切位点相关 DNA 测序技术（Restriction-site associated DNA sequencing, RAD）。该技术可在有或无参考基因组信息的物种中进行大量的 SNP 标记的开发和检测，并已成功应用到许多物种（Miller et al，2007）。目前，该技术在花生多态性和多倍体的起源研究（Gupta et al，2015）、栽培杨梅的起源和杨梅的种系发育及果实相关的基因注释研究(Liu et al,2015)取得了显著成果。其中,Liu 等(2015)基于 SSR 和 RAD-seq 两种不同的分子标记探讨栽培杨梅的驯化起源,结果表明,RAD-seq 所揭示的品种(系)间的关系更清晰、更加可靠。包文泉 (2017)对仁用杏、普通杏和西伯利亚杏的叶绿体基因组测序、核基因组 SSR 进行测定分析并结合形态表型特征,指出仁用杏很可能是普通杏的一个变种,仁用杏不具有种的分类学地位。

随着测序技术的迅猛发展,研究所需的费用在大幅下降,所需时间也大幅缩短。因此,根据研究的目的,选择合适的分子标记的方法显得尤为重要。通常在进行物种分类起源和系统发育关系研究时,采用的基因组有核基因组 DNA、叶绿体基因组 DNA 或核基因组与叶绿体基因组 DNA 相组合;或者是核基因组与叶绿体基因组与线粒体基因组 DNA,三者组合。核基因相比其他细胞质基因进化的速度快,其结构组成也较为复杂,或者还有直系同源和旁系同源的问题。因此,选择低拷贝的一些核基因可能更利于说明系统进化的问题。而叶绿体基因相比核基因和线粒体基因,在研究复杂的系统进化关系具有较为特殊的意义,因此在进行新疆杏(亚)属植物的系统发育关系研究时,我们既选择了基于功能性状的相关标记,也选择了能够反映系统进化关系的核基因和叶绿体基因,为了更加系统和全面地说明问题,还选择了简化基因组测序的 SNP 标记技术解决其系统发育关系。

5.3 研究目的和内容

5.3.1 研究目的

我国是杏的起源中心,有着丰富的杏(亚)属植物资源,但杏(亚)属的物种的具体数量不明确、杏物种的分类地位尚不确定,尤其是新疆杏 (亚)属植物中普通杏和紫杏(*P. dasycarpa* Ehrh.)的归属和分类及其系统发育关系尚不清楚。在植物分类学家队伍日益缩减的情况下,通过搜集国际公认的中国现有的杏(亚)属植物资源的生物学信息,拟从多个片段中筛选出适宜鉴定杏(亚)属植物的候选 DNA 条形码,并重建其系统发育关系,进而对中国杏(亚)属植物分类研究情况进行梳理研究,探讨新疆杏(亚)属植物的遗传多样性关系和系统发育关系,解析其起源与遗传演化进程,最终为新疆杏资源的保护和科学利用提供理论依据。

5.3.2 研究内容

(1)基于 SCoT 标记,分析鉴定新疆杏(亚)属植物的种间和种内的遗传多样性和系统发育关系,为物种鉴定和栽培杏的地理起源与亲缘关系研究奠定理论基础。

(2)通过自行测定新疆杏(亚)属的 2 个种 9 份材料的 3 个叶绿体基因(*mat*K、*trn*H- *psb*A 和 *rbc*L)和 ITS 序列信息与前人已发表的相关序列数据相结合,对新疆南部的杏植物资源进行鉴定与分类,基于此重新构建杏(亚)属植物系统发育关系。从中筛选出适宜鉴定杏(亚)属植物的候选 DNA 条形码,并分析探讨新疆南部杏(亚)属植物的分类、鉴定及其系统发育关系。

(3)通过测定紫杏(*P. dasycarpa* Ehrh.)、普通杏(*P. armeniaca* L.)、樱桃李(*P. cerasifera*)和中国李(*P. salicina*)4 个种,14 份材料的 DNA 条形码(*mat*K、*rbc*L 、*trn*H-*trn*K 和 ITS 序列,重建紫杏(*P. dasycarpa* Ehrh.)与近缘杏属植物的系统发育关系。

(4)利用简化基因组测序技术,通过提供大量的 SNP 位点,基于全基因组信息的基础上,分析鉴定新疆杏(亚)属植物主要基因型的变异情况,为物种鉴定和系统发育研究奠定理论基础。

第6章 基于 SCoT 标记的杏(亚)属植物的系统发育研究

6.1 引 言

杏是新疆最为古老和栽培最为广泛的果树之一,距今已有 3 000 多年的栽培历史。新疆杏(亚)属植物包括普通杏(*P. armeniaca* L.)和紫杏(*P. dasycarpa* Ehrh.)两个种。目前,对新疆杏资源的研究主要集中在形态特征、栽培特性,其种间和种内的亲缘关系、遗传多样性和系统发育关系尚不清楚。随着当地经济、社会高速发展,一些重要的地方种质存在被人为淘汰和自然灭绝的危险。另一方面,由于缺乏相关信息,导致其遗传改良进展缓慢。因此,亟待开展新疆杏(亚)属植物的遗传多样性、亲缘关系及系统发育研究,从而为其有效保护和充分利用提供科学依据。

目前,许多分子标记技术已在杏的遗传多样性和种质鉴定的研究中应用。Yuan 等(2007)利用荧光 AFLP(Amplified fragment length polymorphism)标记研究了 86 份来自喀什、和田、库车三个地方的杏品种(系)的遗传多样性研究,结果发现,三个群体为相对独立的孟德尔遗传群体,偶尔发生种质交换,每个地区都具有高度的遗传多样性;He 等(2007)利用 SSR(Simple sequence repeat)标记对喀什、和田、库车三个地区的 22 份杏种质遗传多样性研究,指出根据果实形态和地理起源对杏进行传统分类并不能完全反映出新疆杏品种间的亲缘关系,亚群中的遗传分化主要来自居群内变异。刘娟等(2014)利用 ISSR(Inter-simple sequence repeats)标记对新疆 48 个品种(系)遗传多样性分析及 DNA 指纹图谱库构建,结果表明,新疆主栽杏品种(系)的遗传多样性较丰富,亲缘关系相对较近。由于材料来源地选择、样本量大小以及分子标记类型不同,得到的杏属植物系统演化也不尽相同。Zhang 等(2014)利用 SSR 标记研究中国栽培杏的遗传多样性,结果表明,新疆杏种质与中国栽培杏的亲缘关系远,'紫杏'与普通杏的亲缘关系较远;Li 等(2014)利用 ISSR 标记和 SRAP(Sequence-related amplified polymorphism)标记研究中国北方栽培杏的遗传多样性和亲缘关系,发现新疆杏的遗传多样性最为丰富,'紫杏'单独聚为一类,且可能不是与梅的杂交后代。截至目前,对现存新疆栽培杏植物资源的研究还很是非常匮乏,杏(亚)属植物尤其是紫杏(*P. dasycarpa* Ehrh.)普通杏和毗邻地区甘肃、宁夏地区的普通栽培杏之间的种内和种间系统发育关系尚不明晰,因而围绕新疆杏(亚)属植物的遗传多样性展开研究显得尤为重要。

2009 年,国际水稻研究中心 Collard 和 Mackill 提出了 SCoT 标记(Start codon targeted polymorphism),这是一种基于 PCR 技术的功能性分子标记。SCoT 标记中的每 1 个个扩增片段,可以代表 1 个特定的基因位点,或者是某个性状关联起来的特定片段。通过 SCoT 分子标记研究新疆的杏(亚)属资源,能够对其相关的功能性状进行评价和筛选。SCoT 分子标记主要是针对高等植物基因的翻译起始密码子 ATG 侧翼序列保守、又比较短的特点设计引物(Joshi et al,1997, Sawant et al, 1999)。它在不同物种间可以通用,重复性好,操作简便。目前已经在杨梅(Chen et al,2010)、柿(裴忟 2013)、枇杷属植物(龙治坚,2013)、葡萄(Guo et al,2012)等果树中广泛应用。

罗聪等(2011)利用该技术对芒果的遗传多样性进行研究,该研究结果表明,SCoT 分子标记的多态性高于 ISSR 分子标记,而基于 SCoT 标记的聚类结果比 ISSR 标记能够更准确反应样品之间的亲缘关系;Guo 等(2012)利用该标记对不同类型的葡萄进行遗传多样性分析,研究发现,SCoT 标记对葡萄属具有较好的鉴定力和较高的信息多态性;Chen 等(2014)利用 SCoT 记对浙江省的杨梅进行遗传多样性研究,结果表明,SCoT 标记比 IPBS 分子标记有更高的多态性。综上所述,该标记覆盖基因的编码区、简单又高效,在群体的遗传多样性、系统发育研究方面有着显著优势。本研究旨在利用 SCoT 分子标记鉴定新疆杏的种间及其种内遗传多样性,并探讨新疆杏的亲缘关系和系统发育。

本试验以两个栽培种的 78 份材料为研究对象,旨在通过利用 SCoT

分子标记对新疆杏植物种质的亲缘关系进行鉴定、并研究其系统发育关系,为种质鉴定、研究利用奠定理论依据和技术支持。

6.2 材料和方法

6.2.1 材料

取材 78 份杏的基因型,其中 76 份材料主要来自阿克苏地区、喀什地区、和田地区和巴音郭楞蒙古自治州,材料均保存在国家果树种质新疆轮台果树及砧木资源圃。2 份西北地区的普通杏采自辽宁农业科学院国家果树种质熊岳李杏资源圃。材料的来源及编号详见表 6-1。

表 6-1　本试验所用材料及编号

编　号	基因型	来　源	编　号	基因型	来　源
1	黄其力干	阿克苏	40	晚熟胡安娜	喀什
2	卡拉阿藏	阿克苏	41	英吉莎杏	喀什
3	大白油杏	阿克苏	42	奎克皮曼	喀什
4	阿克达拉孜	阿克苏	43	赛买提杏	喀什
5	克孜佳娜丽	阿克苏	44	洛浦 1 号	和田
6	卡巴克西米西	阿克苏	45	洛浦 2 号	和田
7	克孜达拉孜	阿克苏	46	洛浦洪特克	和田
8	克孜阿恰	阿克苏	47	米录	和田
9	苏陆克	阿克苏	48	卡拉胡安娜	和田
10	牙合里克玉吕克	阿克苏	49	安疆胡安娜	和田
11	卡拉玉吕克	阿克苏	50	大果胡安娜	和田
12	赛莱克玉吕克	阿克苏	51	木孜佳娜丽	和田
13	馒头玉吕克	阿克苏	52	佳娜丽	和田
14	辣椒杏	阿克苏	53	皮乃孜	和田
15	克孜西米西	阿克苏	54	克孜皮乃孜	和田
16	库车托拥	阿克苏	55	早熟洪特克	和田
17	阿克托拥	阿克苏	56	郭西玉吕克	和田

续表

编　号	基因型	来　源	编　号	基因型	来　源
18	何谢克	阿克苏	57	大优佳	和田
19	库买提	阿克苏	58	白油杏	和田
20	特尔湾玉吕克	阿克苏	59	洪特克	和田
21	赛莱克达拉孜	阿克苏	60	有毛小五月杏	和田
22	艾及玉吕克	阿克苏	61	克孜尔托拥	和田
23	木隆杏	阿克苏	62	乌及牙格丽克	和田
24	毛拉俏	阿克苏	63	艾夏格亚丽克	和田
25	阿克玉吕克	阿克苏	64	脆佳娜丽	和田
26	晚熟佳娜丽	阿克苏	65	库尔勒托拥	巴音郭楞
27	莎车黑叶杏	喀什	66	苏尔丹	巴音郭楞
28	莎车洪特克	喀什	67	索格佳娜丽	巴音郭楞
29	卡巴克胡安娜	喀什	68	白杏	巴音郭楞
30	阿克阿依	喀什	69	轮台小白杏	巴音郭楞
31	早大油杏	喀什	70	大五月杏	未知
32	叶城黑叶杏	喀什	71	大黄杏	未知
33	早熟黑叶杏	喀什	72	胡安娜	未知
34	粗黑叶杏	喀什	73	黄胡安娜	未知
35	细黑叶杏	喀什	74	乌什晚熟杏	未知
36	乔尔胖	喀什	75	金妈妈	甘肃
37	特乎提库都	喀什	76	鸡蛋杏	宁夏
38	克孜玛依桑	喀什	77	阿里瓦拉 *	阿克苏
39	晚熟杏	喀什	78	紫杏 *	阿克苏

* 代表紫杏 *P. dasycarpa* Ehrh.

6.2.2 DNA 提取

总 DNA 提取参考 Doyle（1990）的 CTAB 法作适当调整。具体操作流程如下：

（1）取干燥叶片 0.6 g 置于研钵内，加少许 PVP K40 与液氮迅速研磨至细粉状，装入预冷的 50 mL 离心管中。

（2）加入 20 mL 预热的 CTAB 提取缓冲液【100 mmol/L Tris-HCl（pH 8.0）、50 mmol/L EDTA（pH 8.0）、1.5 mmol/L NaCl、2% CTAB、1% PVP-K40、0.1% 偏重亚硫酸钠和 0.5% β - 巯基乙醇】，充分摇匀，于 65℃水浴 60 ~ 90 min，每隔 15 min 摇匀。

（3）取出离心管冷却至室温，加入等体积氯仿：异戊醇（24∶1），轻轻颠倒混匀 10 ~ 15 min，6 000 g 离心 15 min。

（4）取上清液转入另一 50 mL 离心管，加入等体积氯仿：异戊醇（24∶1），轻轻颠倒混匀 10 ~ 15 min，6 000 g 离心 15 min。

（5）重复步骤（4）至离心后界面无明显浑浊。

（6）取上清液于另一 50 mL 离心管，加入 2/3 体积预冷的异丙醇，轻摇后于 –20℃垂直放置 1 ~ 2 h。

（7）6 000 g 离心 10 min，弃上清夜，加入 5mL 76% 无水乙醇浸泡 1 ~ 2h。

（8）6 000 g 离心 10 min，弃上清夜，加入少量 70% 乙醇漂洗 2 ~ 3 次。

（9）弃乙醇，将离心管置于下风口处（如超净工作台或空调）风干至无乙醇气味；

（10）加入 3 mL TE 缓冲液（10 mL Tris-HCl，1mL EDTA，pH 8.0），待 DNA 沉淀完全溶解后，加入 20 μL RNase A（10 mg/mL）混匀后 37℃水浴 1 h。

（11）将溶液转入 10 mL 离心管，加入等体积苯酚：氯仿：异戊醇（25∶24∶1）轻轻颠倒混匀 10 ~ 15 min，6 000 g 离心 10 min。

（12）取上清液转入另一个 10 mL 离心管，加入等体积氯仿：异戊醇（24∶1），轻轻颠 3 混匀 10 ~ 15 min，6 000 g 离心 10 min。

（14）取上清液于另一 10 mL 离心管，加入 2 倍体积 –20℃预冷的无水乙醇轻摇后于 –20℃垂直放置 1 h。

（15）6 000 g 离心 10 min，弃上清液，加入 70% 乙醇漂洗 2 ~ 3 次（用量为盖住沉淀即可），弃乙醇，置于下风口处（如超净工作台或空调）风干至无乙醇气味。

（16）加入 1 mL TE 缓冲液溶解 DNA，置 –20℃保存。

取 1 μL DNA 溶液用 NanoDrop 2 000 微量紫外分光光度计（Thermo Scientific，

表 6-2　用于 SCoT 标记的引物序列

引物编号	引物序列(5′ –3′)	GC 含量 /%
1	CAACAATGGCTACCACCA	50
2	CAACAATGGCTACCACCC	56
3	CAACAATGGCTACCACCG	56
4	CAACAATGGCTACCACCT	50
5	CAACAATGGCTACCACGA	50
6	CAACAATGGCTACCACGC	56
7	CAACAATGGCTACCACGG	56
8	CAACAATGGCTACCACGT	50
9	CAACAATGGCTACCAGCA	50
10	CAACAATGGCTACCAGCC	56
11	AAGCAATGGCTACCACCA	50
12	ACGACATGGCGACCAACG	61
13	ACGACATGGCGACCATCG	61
14	ACGACATGGCGACCACGC	67
15	ACGACATGGCGACCGCGA	67
16	ACCATGGCTACCACCGAC	56
17	ACCATGGCTACCACCGAG	61
18	ACCATGGCTACCACCGCC	67
19	ACCATGGCTACCACCGGC	67
20	ACCATGGCTACCACCGCG	67
21	ACGACATGGCGACCCACA	61
22	AACCATGGCTACCACCAC	56
23	CACCATGGCTACCACCAG	61
24	CACCATGGCTACCACCAT	56
25	ACCATGGCTACCACCGGG	67
26	ACCATGGCTACCACCGTC	61
27	ACCATGGCTACCACCGTG	61
28	CCATGGCTACCACCGCCA	67
29	CCATGGCTACCACCGGCC	72

续表

引物编号	引物序列(5′–3′)	GC 含量 /%
30	CCATGGCTACCACCGGCG	72
31	CCATGGCTACCACCGCCT	67
32	CCATGGCTACCACCGCAC	67
33	CCATGGCTACCACCGCAG	67
34	ACCATGGCTACCACCGCA	61
35	CATGGCTACCACCGGCCC	72
36	GCAACAATGGCTACCACC	56

注：引物来源于 Collard 和 Mackill（2009）。

检测 DNA 浓度，并记录 A260/A280 的比值，该比值在 1.7 ~ 1.9 的 DNA 质量较好；取 3 μL DNA 原液，用 1% 琼脂糖凝胶在 0.5×TBE 缓冲液 [5.4 g Tris-base、2.75 g 硼酸、0.05 mol/L EDTA（pH8.0）] 中电泳，用 SynGene 凝胶成像系统（SYNGENE 公司，英国)检查 DNA 质量。

6.2.3 SCoT–PCR 扩增

SCoT 分子标记的引物（Collard & Mackill，2009）均由上海生工生物工程有限公司合成（表 2-2）。SCoT 分子标记的 PCR 反应扩增体系根据 Guo 等（2012）略作改动：5 μL 2×Es *Taq* MasterMix（含染料），DNA 模板 25 ~ 50 ng，0.2 mmot/L 引物，总体积 10 μL。扩增程序为：94℃预变性 3 min；94℃变性 1 min，50℃退火 1 min，72℃延伸 2 min；35 个循环；72℃延伸 12 min。

6.2.4 PCR 产物检测

取 5 μL PCR 产物，用 1.5% 琼脂糖（含有 0.5 mg/μL EB ）的凝胶上进行电泳分离，再用 U-genius 凝胶成像系统（Syngene 公司，美国）进行拍照。

6.2.5 数据统计和聚类分析

通过凝胶电泳获得的条带，按照 1/0 形式进行数据转换。将清晰、再现性强的谱带记为 1，无扩增谱带记为 0。再采用 NTSYS-pc version 2.1（Rohlf et al 2000）软件进行数据分析，用 Similarity 中 Qualitative data 计算 DICE 相似系数矩阵，用 Clustering 中 SAHN 程序进行 UPGMA 聚类分析并建树，在 Find 模式搜寻所有可能的树，用 COPH 和 MXCOMP 程序对聚类结果和相似指数矩阵之间的相关性进行 Mantel 检验。在进行主坐标分析时，用 STAND 程序对数据标准化后，再用 Simint 程序计算变量间的欧式距离（EUCID）矩阵，用 DECENTER 程序对矩阵进行转换，然后用 EIGEN 程序获得特征值和特征向量，并生成主坐标之间的二维和三维图。

分子标记所体现的信息量分别通过多态性比例 Pi（Pi %= 特征带 / 总带数 ×100），多重系数（Multiplex ratio）（MR= 每个引物所产生的位点数）；有效多重系数（Effective multiplex ratio, EMR），（EMR= 每个引物所体现的多态性位点数）；多态信息含量（Polymorphic information content, PIC）（PIC=1-F_{aa}^2-F_{an}^2，其中 F_{aa} 指扩增出等位基因位点的频率；F_{an} 指未扩增出等位基因位点的频率）；标记指数 MI（Marker Index），（MI=PIC×EMR），SCoT 引物的多态性水平分主要通过这些参数进行衡量（Botstein et al 1980；Geuna et al 2003；Powell et al 1996）。

6.3　结果与分析

6.3.1 SCoT 标记分析

首先用'库车小白杏''紫杏'和'赛麦提杏'3 份材料，从 36 条 SCoT 引物中筛选多态性好的引物，结果从中筛选出了 24 条引物能产生清晰且稳定的多态性条带。如图 6-1 所示，引物 22 在 78 份材料中扩增的情况，扩增片段大小为 250 ~ 1 500 bp，条带清晰，多态性较好。利用筛选出来多态性高的 24 条引物对 78 份材料进行扩增,每条引物的谱带及多态性比率见表 6-3。

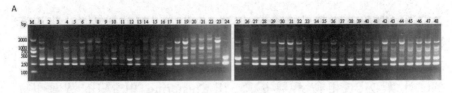

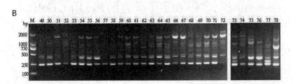

图 6-1　引物 22 在 78 份材料中的 SCoT 扩增结果

通过实验发现不同的引物的多态性差异很大,从 36 条引物中筛选出了 24 条扩增条带清晰、重复性好的在所有材料中进行扩增。利用这 24 条引物,共扩增出 228 个条带,扩增谱带为 150 ~ 2 500 bp,多态性比例为 93.1%。SCoT 标记的多态性水平和信息量如表 6-3 所示,扩增条带的数量从 5 到 15 (SCoT 15,SCoT 17,SCoT 31)。平均每条引物扩增条带数量为 9.5。多态性比率从 70%(SCoT 15)到 100%(SCoT 1、4、12、13、14、15、17、19、21、24、30、31、32)。PIC 值从 SCoT16 (0.381)到最低 SCoT17 (0.153),平均为 0.278 (表 6-3),说明该标记有较高的遗传多态性信息量,引物鉴定力从 2.846(SCoT17)到 17.103(SCoT31)平均为 9.986 (表 6-3)。

表 6-3　24 条引物产生的多态性条带数

引物编号	总条带数	多态性条带数	多态性百分数	多态信息含量	标记指数	分辨能力
SCoT 1	10	10	100.0	0.300	3.000	10.769
SCoT 2	8	7	87.5	0.224	1.568	8.513
SCoT 3	9	8	88.9	0.377	3.016	7.385
SCoT 4	10	10	100.0	0.315	3.150	10.077
SCoT 11	9	7	77.8	0.232	1.624	12.974
SCoT 12	11	11	100.0	0.342	3.762	7.436
SCoT 13	9	9	100.0	0.221	1.989	14.564

续表

引物编号	总条带数	多态性条带数	多态性百分数	多态信息含量	标记指数	分辨能力
SCoT 14	6	6	100.0	0.256	1.536	6.923
SCoT 15	5	5	100.0	0.236	1.180	5.872
SCoT 16	10	9	90.0	0.381	3.429	9.974
SCoT 17	5	5	100.0	0.153	0.765	2.846
SCoT 18	7	6	85.7	0.241	1.446	7.718
SCoT 19	12	12	100.0	0.353	4.236	12.923
SCoT 21	12	12	100.0	0.287	3.444	10.564
SCoT 23	9	8	88.9	0.285	2.280	9.436
SCoT 24	9	9	100.0	0.346	3.460	9.333
SCoT 29	11	10	90.9	0.230	2.300	10.154
SCoT 30	12	12	100.0	0.253	3.031	11.538
SCoT 31	15	15	100.0	0.263	3.945	17.103
SCoT 32	11	11	100.0	0.335	3.685	10.359
SCoT 33	6	5	83.3	0.273	1.365	9.359
SCoT 34	12	11	91.7	0.284	3.124	11.205
SCoT 35	10	8	80.0	0.334	2.652	13.359
SCoT 36	10	7	70.0	0.162	1.134	9.282
Min.	5	5	70.0	0.153	0.765	2.846
Max.	15	15	100.0	0.381	4.236	14.564
Average	9.5	8.9	93.1	0.278	2.547	9.986
Total	228	213	–	–	61.121	239.666

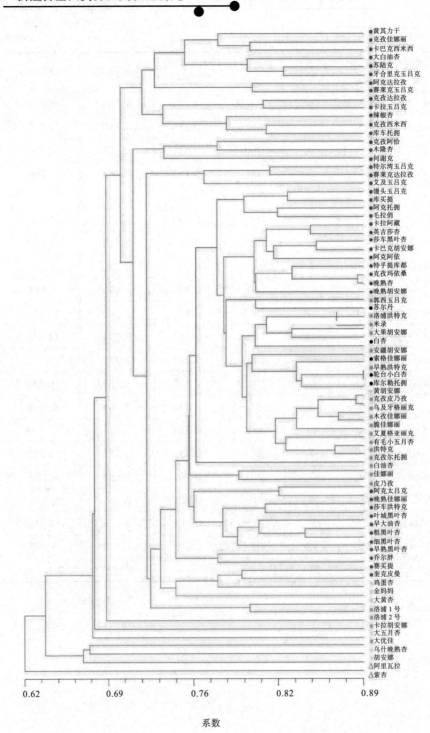

系数

图 6-2　基于 SCoT 分析获得的 78 份杏种质的 UPGMA 聚类图

6.3.2 UPGMA 聚类分析

通过对 78 个样品 SCoT 扩增结果进行数据统计,利用 NTSYSpc version2.10 计算 78 份材料的 DICE 相似系数和遗传距离,首先应用 UPGMA 法对 78 个样品进行聚类分析,结果表明,材料基本上按其不同采集地分别聚类。由此获得杏的聚类结果(图 6-2)。UPGMA 聚类结果分析表明,以相似系数为 0.62 为阈值时,可首先将'紫杏'与其他杏能够很好的区分开,可将 78 份试材分为 3 个大组,'紫杏'单独聚为一组。在相似系数为 0.64 时,来自宁夏的'鸡蛋杏'与新疆'乌什晚熟杏''阿里瓦拉'聚为一组,剩余的 74 份材料聚为一组。在这一大组中,源自甘肃的'金妈妈'单独聚为一类,较为特殊的是除'卡拉阿藏''晚熟佳娜丽'和'阿克玉吕克'外,阿克苏地区的杏资源与其他所有资源都能较好地分开,表明阿克苏地区的杏较为原始,与其他 3 个地区杏的亲缘关系远。在相似系数为 0.73 时,喀什地区杏资源可以分为 3 个亚组,在相似系数为 0.78 时和田地区杏资源分为 4 个亚组,其中包含了巴音郭楞蒙古自治州的 5 份杏资源。其次,从聚类图分析表明,除阿克苏地区的杏之外,其他三个地区的杏的亲缘关系较近。

6.3.3 主坐标分析

为了更好的解析材料间的亲缘关系,对 SCoT 扩增结果进行主坐标分析,如图 6-3 所示,结果表明与 UPGMA 聚类图的相似。当变异范围在 9.82% 和 9.89% 时,'紫杏'与其他的杏都能很好的区分开,在 X 轴大于 0.07 时,阿克苏地区的杏聚集在一起,同时表明阿克苏地区杏的变异范围和变异幅度最大,而巴音郭楞地区杏的变异范围最小;喀什与和田的资源也能较好的区分,未知来源的杏与和田地区的杏亲缘关系比较近,阿克苏地区杏的亲缘关系与和田、巴音郭楞地区的亲缘关系较远。其中,地理来源在阿克苏地区的与喀什地区的杏有相互交换,系统发育关系较近;但是也有一些材料的变异范围比较大,来自阿克苏地区的'晚熟佳娜丽'、来自巴音郭愣地区的'苏尔丹'和'索格佳娜丽'变异幅度就比较大,这与 UPGMA 法得到的结论基本相似。

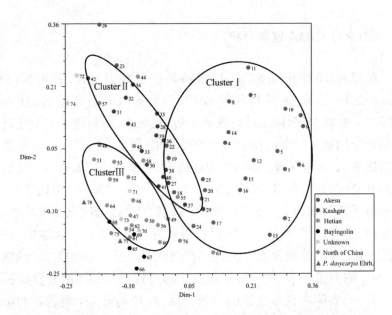

图 6-3　基于 SCoTb 的分子标记的 78 份杏种质的主坐标分析散点图

1 黄其力干，2 卡拉阿藏，3 大白油杏，4 阿克达拉孜，5 克孜佳娜丽，6 卡巴克西米西，7 克孜达拉孜，8 克孜阿恰，9 苏陆克，10 牙合里克玉吕克，11 卡拉玉吕克，12 赛莱克玉吕克，13 馒头玉吕克，14 辣椒杏，15 克孜西米西，16 库车托拥，17 阿克托拥，18 何谢克，19 库买提，20 特尔湾玉吕克，21 赛莱克达拉孜，22 艾及玉吕克，23 木隆杏，24 毛拉俏，25 阿克玉吕克，26 晚熟佳娜丽，27 莎车黑叶杏，28 莎车洪特克，29 卡巴克胡安娜，30 阿克阿依，31 早大油杏，32 叶城黑叶杏，33 早熟黑叶杏，34 粗黑叶杏，35 细黑叶杏，36 乔尔胖，37 特乎提库都，38 克孜玛依桑，39 晚熟杏，40 晚熟胡安娜，41 英吉莎杏，42 奎克皮曼，43 赛买提杏 44 洛浦 1 号，45 洛浦 2 号，46 洛浦洪特克，47 米录，48 卡拉胡安娜，49 安疆胡安娜，50 大果胡安娜，51 木孜佳娜丽，52 佳娜丽，53 皮乃孜，54 克孜皮乃孜，55 早熟洪特克，56 郭西玉吕克，57 大优佳，58 白油杏，59 洪特克，60 有毛小五月杏，61 克孜尔托拥，62 乌及牙格丽克，63 艾夏格亚丽克，64 脆佳娜丽，65 库尔勒托拥，66 苏尔丹，67 索格佳娜丽，68 白杏，69 轮台小白杏，70 大五月杏，71 大黄杏，72 胡安娜，73 黄胡安娜，74 乌什晚熟杏，75 金妈妈，76 鸡蛋杏，77 阿里瓦拉，78 紫杏

6.4　讨　论

6.4.1 SCoT 标记的遗传多态性

　　基于 DNA 分子标记技术杏的亲缘关系研究已经比较多,但大都利用随机性分子标记,并不能真实反映不同基因型间的性状差异。而 SCoT 标记是利用基因的翻译起始密码子短序列非常保守的原理,针对 ATG 的侧翼短序列设计的引物进行 PCR 扩增。源自编码序列的片段所揭示的是由性状变异而产生的差异,属于功能性分子标记。该方法不需要开发特异引物、操作简便、重复性好,PCR 产物检测仅用琼脂糖凝胶电泳分离测定,检测成本低。此外,由于扩增区域包含编码片段,很可能会产生与性状连锁的基因片段,基于这一点,SCoT 分子标记非常适用鉴定具有特异性状的种质。相比 ISSR 和 SSR 等传统分子标记,是通过基因组中非编码区域的差异来体现供试材料之间的差异,SCoT 标记更多表现为聚类结果是受到编码区域的差异的影响,因此在种质资源鉴定、系统发育关系研究方面具有独特优势。

　　本试验以新疆杏(亚)属杏单株、紫杏(*P. dasycarpa* Ehrh.)和西北杏品种为材料,利用 SCoT 标记对其进行遗传多样性分析,不论是种内还是种间材料多态性谱带比率平均为 93.1%,这与裴忟(2013)研究柿的结果相似,说明 SCoT 具有较高的鉴别力,但在 24 条引物中,没有发现 1 条引物能够将所有供试材进行区分和鉴定。这也说明在种内与种间材料编码区的差异还是非常有限。当相似系数为 0.62 时,'紫杏'与其他杏能够很好的区分开,而紫杏(*P. dasycarpa* Ehrh.)的另外一份材料'阿里瓦拉'的鉴定就较为困难。这与这 2 份材料的遗传背景、性状差异有关。值得一提的是,基于普通杏的 76 份材料与紫杏中的另外 1 份材料的系统发育关系非常近,且大多数的普通杏主要以地理来源聚类,说明他们在这些功能标记的遗传差异比较接近。

6.4.2 SCoT 标记的聚类分析

　　新疆杏资源的遗传背景与地理来源有着紧密的联系,利用 SCoT 标记进行聚类分析的结果表明,阿克苏地区的杏具有最丰富的遗传变异,这与苑兆和等(2007)利用荧光 AFLP 标记得出库车杏最为原始,新疆杏有丰富的多样性的结论是相似的。新疆杏与中国北方杏的亲缘关系较远,这一结果与 Zhang 等(2014)、Li 等(2014)得到的结论并不完全相同。另外,研究表明,新疆杏与中国北方杏有着不同的起源和遗传背景,这与何天明等(He et al 2007)认为新疆杏是由天山西部的野杏传入阿克苏地区库车县后逐渐演化而来的结论是较为相近的。在物种漫长的演化历程中,部分新疆普通杏存在基因交流和渐渗是丝绸之路对当地杏资源交流起到了促进作用。

另外品种(系)名相近的如'叶城黑叶杏''细黑叶杏''早熟黑叶杏'和'粗黑叶杏'的亲缘关系很近;'洛浦 1 号'与'洛浦 2 号'的亲缘关系很近,具有相同地理来源的种质的亲缘关系也相对较近。这是新疆杏具有自交不亲和特性、长期用种子繁殖、人们定向选择而形成的亲缘关系近的种质。章秋平等(2014)认为:'紫杏'与普通杏的亲缘关系远,这与利用 SCoT 标记所得到的部分结论相同,但值得一提的是,'阿里瓦拉'是紫杏(*P. dasycarpa* Ehrh.)的一个类型,在聚类关系分析中并没有与相同物种进行聚类,却与普通杏的'乌什晚熟杏'的关系较近,可能是由于'阿里瓦拉'和'乌什晚熟杏'具有晚熟杏的共同特征特性。因此 SCoT 标记有待开发更多的引物,覆盖基因组更为广泛,提高种间鉴定率。

第7章 基于DNA条形码的杏(亚)属物种鉴定及其系统发育研究

7.1 引 言

新疆丰富的杏(亚)属植物资源的物种鉴定、遗传多样性、系统发育的研究不够深入,在一定程度上阻碍了对杏(亚)属植物资源的保护和高效利用。由于新疆的普通杏变异类型多、变异幅度大、范围广,在物种的分类上存在争议。在第2章的SCoT标记研究时,'阿里瓦拉'是紫杏(*P. dasycarpa* Ehrh.)的一个类型,却无法用SCoT标记进行区分。利用DNA条形码技术鉴定新疆杏(亚)属植物,一方面避免了"匿名标记"的缺点;另一方面又减少了对植物分类学中的表型鉴定过度依赖。对杏(亚)属植物DNA条形码的筛选和应用,是对传统植物分类与鉴定的补充,如能使鉴定过程逐步实现自动化和标准化;也可对我国杏(亚)属植物的分类、鉴定、属内物种数目、系统发育关系提供可靠的科学依据。

经典的植物学分类主要依据植物的形态特征鉴定物种,易受到环境影响和发育阶段的限制,植物表型的可塑性、遗传可变性,加之不同的植物分类学家对形态指标的侧重点不同,导致植物系统学无法统一。现代植物分类学采用了常规DNA分子标记进行研究,DNA条形码技术有利于物种快速鉴定、资源保护,同时还能对植物的系统发育关系提供研究线索。本研究一方面对新疆杏(亚)属进行物种的鉴定,另一方面明晰目前分类上存在困难的杏(亚)属植物。

2003年,加拿大动物学家Paul Hebert,基于DNA分子系统进化的原理,利用现代分子系统学的原理和方法对传统分类学鉴定的物种,进行"物种鉴定"。它是利用有足够变异的、易扩增且相对较短的 DNA 片段自身在物种种内的特异性和种间的多样性而创建的一种新的生物身份识别系统(http：//www.barcoding.si.edu/DNA Barcoding.htm)也称为 DNA 条形码技术。DNA 条形码技术能够通过鉴定不同组织、不同时期的植物样品，这规避了植物学鉴定物种的一些条件限制；通过建立数字化的植物鉴定数据库，可快速、精准地鉴定现有物种，甚至能够鉴定出形态学无法鉴别的物种或个体，同时还利于发现新的物种，能够通过 DNA 序列信息明确物种的进化关系，丰富物种进化树。

该技术自创立以来，在生物学领域发展迅猛。筛选并确定通用引物，是 DNA 条形码进行物种鉴定的重要条件。国际生命条形码联盟，通过对 550 种 907 份样品的 7 个 DNA 片段(*matK*、*atpF-atpH*、*rpoB*、*rbcL*、*rpC*1、*psbA-trnH* 和 *psbK-psbI*)进行分析，最后推荐 *matK+rbcL* 片段作为陆生植物的通用条形码。Quan 等(2011)针对桃属的 5 个种，通过鉴定评价 11 个候选 DNA 条形码片段，发现 *trnH-psbA* 和 *atpB-rbcL* 能够区分 3 个种间的差异，且在两两组合时，*atpB-rbcL+atpF-atpH* 和 *atpB-rbcL+trnF-trn* 可鉴定区分桃属的 5 个种。Baldwin 等(1995)指出 ITS 在物种鉴定中具有独特的作用。

基于对近缘物种植物条形码筛选的情况，选择本试验的条形码序列。*rbcL* 可较为成功的应用在李属植物系统发育关系鉴定(Sarhan et al,2016, Yazbek et al,2013)。Li 等(2011) 对 6 286 份样品 1 757 种的 4 个片段(*rbcL*、*matK*、ITS 和 *trnH-psbA*)进行扩增，结果表明，ITS 具有最高的物种鉴定力。Tang 等(2014)对'金枣柿'进行条形码鉴定时，推荐 *matK*+ITS 作为柿属植物的候选 DNA 条形码。非编码叶绿体 DNA 间隔区的 *trnS-trnG* 和 *trnL-trnF* 基因，在桃属(Yazbek et al, 2013)、李属(Shou et al,2013)中有较好的扩增效率和鉴定率。2009 年，在举办的第 3 届国际 DNA 条形码会议上，提出应继续重视 ITS 和 *trnH-psbA* 两个片段的研究。综上所述，国内外植物条形码研究者经过多年探索，报道了多种植物条形码候选片段或片段组合，鉴定率高的条形码。根据近缘物种的研究和前人研究结果，从大量的候选片段中选择 *rbcL*、*matK*、ITS 和 *trnH-psbA* 条形码片段，鉴定杏(亚)属植物。

DNA 条形码技术为物种鉴定和系统发育研究提供了研究思路，但在样本容量大小和采集地的要求方面学者们各持己见。国际生命条形码计划(IBOL Project)规定在进行物种鉴定时，每个物种的样本量要求有 10 个（Zhang et al,2010）。但事实上,很多研究并未达到这一要求（China Plant BOL Group,2011）。有的学者认为物种的样本容量应最大限度地代表该物种的遗传变异范围（高连明等,2012）。Liu 等（2012）进行红豆杉属 DNA 条形码的采样策略研究时,建议采集样品应尽可能覆盖物种整个分布区时,能够更科学地予以鉴定和分类。因此,本试验以新疆杏（亚）属植物的分布区进行采样,用 DNA 条形码对其进行物种鉴定。

DNA 条形码候选序列在属分类群上的分辨能力和适用性在柑橘（于杰,2011）、柿（唐冬兰,2016）等果树上有报道。因此,本研究优先选择在植物鉴定和系统发育关系重建研究较为成功的 3 个叶绿体基因组 DNA 序列（*mat*K、*trn*H-*psb*A 和 *rbc*L）及 1 个核基因组序列 ITS 的分析,从中筛选杏（亚）属植物候选 DNA 条形码。利用本研究自测和前人已发表的（*mat*K、*trn*H-*psb*A 和 *rbc*L）序列数据,重新构建杏（亚）属植物系统发育关系。

7.2　材料与方法

7.2.1　材料

按照条形码的取样要求,选取国际公认杏（亚）属的 6 个种的 35 份样本。通过自行测定 9 份材料的 4 个条形码片段的 38 条序列和下载美国国家生物技术信息中心网站（NCBI https：//www.ncbi.nlm.nih.gov/genbank）的 5 个种 26 份标本材料的 51 条序列。本研究测定的样本采集地为辽宁农业科学院国家果树种质熊岳李杏资源圃和国家果树种质新疆轮台果树及砧木资源圃,样品材料取自植物新鲜叶片,经硅胶快速干燥后保存于 –80℃冰箱,密封保存（Chase and Hills,1991）。相关信息和序列登陆号等信息见表 7-1。（其中涵盖了 6 个省份的 14 份普通杏,新疆的 2 份紫杏,来自 2 个省的 3 份藏杏,2 个省的 3 份东北杏,3 个省的 5 份梅、3 个省的 8 份西伯利亚杏,共计 35 份材料）。

表 7-1 用于本研究的 35 份植物材料

序号	种名	标本号	登录号 Accession unmber			
			rbcL	*matK*	*trnH-psbA*	ITS
1	*P. armeniaca*	'Kuchetuoyong'	MN049225	MN049194	MN049210	KX890454
2		'Tehutikudu'	MN049226	MN049195	MN049212	KX890457
3		'Guoxiyuluke'	MN049229	MN049196	MN049211	KX890458
4		'Mantouyuluke'	MN049230	MN049197	MN049215	KX890453
5		'Shachehongteke'	MN049232	MN049198	MN049213	KX890456
6		'Korlatuoyong'	MN049231	MN062426	MN049214	KX890455
7		'Jingmama'	MN049228	MN049200	MN049217	KX890459
8		'Jidanxing'	MN049227	MN049201	MN049218	KX890460
9		ZhouSL 056	NT	NT	JN046607	JF978075
10		ZhouSL 069	NT	NT	JN046606	JF978074
11		ZhouSL Liaojing 55	NT	JF955795	JN046605	JF978073
12		ZhouSL Liaojing 56	NT	NT	JN046604	JF978072
13		ZhouSL Liaojing 58	NT	JF955794	JN046603	JF978071
14		ZhouSLTianjing54	NT	NT	JN046602	JF978070
15	*P. dasycarpa* Ehrh.	'Aliwala'	MN049220	MN049203[CS]	MN049208	KX890451& KX890452

续表

序号	种名	标本号	登录号 Accession unmber			
			rbcL	*matK*	*trnH-psbA*	ITS
16	*P. holosericea*	'Zixing'	MN049219	MN049202[CS]	MN049207	KX890449& KX890450
17		ZhouSLLiaojing 67	NT	NT	JN046627	JF978093
18		ZhouSL Tibet 140	JF943736	JF955805	JN046626	JF978092
19		ZhouSL Tibet 141	JF943735	JF955804	JN046625	JF978091
20	*mandshurica*	ZhouSL Heilongjiang 135	NT	JF955816	JN046641	JF978109
21		ZhouSL Liaojing 64	JF943743	JF955815	JN046640	NT
22		ZhouSL Liaojing 65	JF943742	JF955814	JN046639	JF978108
23	*P. mume*	ZhouSL 108	NT	NT	JN046651	JF978119
24		ZhouSL 136	JF943748	JF955822	JN046650	JF978118
25		ZhouSL Hubei 126	JF943747	JF955821	JN046649	JF978117
26		ZhouSL Hubei 127	JF943746	JF955820	JN046648	JF978116
27		ZhouSL Zhejiang 53	NT	JF955819	JN046647	JF978115
28	*P. sibirica*	ZhouSL 74	NT	NT	JN046667	JF978140
29		ZhouSL Beijing Q1	JF943757	JF955831	NT	NT
30		ZhouSL Beijing Q2	JF943756	JF955830	NT	NT

续表

序 号	种 名	标本号	登录号 Accession unmber				
			rbcL	matK	trnH-psbA	ITS	
31		ZhouSL Liaojing 59	NT	NT	JN046666	JF978139	
32		ZhouSL Liaojing 60	NT	NT	JN046665	NT	
33		ZhouSL Liaojing 61	NT	NT	JN046664	JF978138	
34		ZhouSL Liaojing 62	NT	NT	JN046663	JF978137	
35		ZhouSL Liaojing 63	NT	NT	JN046662	NT	
Outgroup	*Amygdalus ledebouriana*		—	—	—	DQ006279	

7.2.2 总 DNA 提取

总 DNA 提取参考 6.2.2。

7.2.3 PCR 扩增及测序

有关 ITS、*psb*A-*trn*H、*rbc*L 和 *mat*K 4 个片段的引物序列见表 7-2。PCR 扩增反应总体积 20 μL，PCR 反应体系和反应程序如表 7-3、表 7-4 所示。

表 7-2　PCR 扩增引物列表

DNA 片段	引物名称	方向	序　列	出　处
*mat*K	xF	F	TAATTTACGATCAATTCATTC	Ford et al（2009）
	5r	R	GTTCTAGCACAAGAAAGTCG	Li et al（2011）
*rbc*L	a_f	F	ATGTGACCACAAACAGAGACTAAAGC	Kress & Erickson
	724r	R	TCGCATGTACCTGCAGTAGC	Fay et al（1997）
*trn*H-*psb*A	*psbA*F	F	GTTATGCATGAACGTAATGCTC	Sang et al（1995）
	*trn*H2	R	CGCGCATGGTGGATTCACAATCC	Tate & Simpson（2003）
ITS	ITS5	F	GGAAGTAAAAGTCGTAACAAGG	White et al（1990）
	ITS4	R	TCCTCCGCTTATTGATATGC	White et al（1990）

表 7-3　PCR 反应体系

PCR 反应体系	体　积 /μL
模板（Template）	1.0
缓冲液（10×Trans *Taq* Buffer）	2.5
能量 dNTP	0.5

续表

PCR 反应体系	体 积 /μL
正向引物（Forward primer）	0.5
反向引物（Reverse primer）	0.5
酶（*Taq* DNA polymerase）	0.2
无菌水（ddH₂O）	14.8
总体积（Total volume）	20

表 7-4　PCR 反应

PCR 反应程序	PCR 反应时间
94℃ 预变性	4 min
94℃ 变性	30 s
55 ~ 62℃ 退火	30 s
72℃ 延伸	1 min
72℃ 延伸	10 min
4℃ 保存	10 min

直接测序时采用双向测序，将 PCR 反应后得到的目的片段用 DP1702 快捷型琼脂糖凝胶 DNA 回收试剂盒（北京百泰克生物技术有限公司）回收纯化；送至武汉艾康健生物科技有限公司完成测序。其中 2 份紫杏的 ITS 序列和 *mat*K 基因测序采用克隆测序的方法，克隆测序时首先将回收片段连接到 pMD19-T 载体上（TaKaRa，Japan），再转化到大肠杆菌 DH-5α 感受态细胞，每份材料挑取 5 个克隆测序，由武汉艾康健生物科技有限公司完成测序。序列提交至 GenBank，登录号见表 7-1。

7.2.4 数据处理

首先将测序所得的峰图采用 Sequencher™（Gene Codes Corporation）对序列检测和编辑，去除引物序列和低质量的序列，所得序列用 CLUSTAL X 软件进行对位排列并手工校正，由于来自 GenBank 中的部分序列不完整，为了保证数据的一致，舍弃了不完整的基因序列，并对序列长度适当作调整（唐冬兰，2016）。利用 MEGA5.0 软件对序列进行分析,通过变异位点、简约信息位点和单变异位点含量表示序列变异情况。用种间遗传距离均值、种间最小遗传距离和种内遗传距离均值这三个参数表示遗传距离的变异情况。将自行测定的序列和从 GenBank 中下载的杏（亚）属植物序列用 MEGA 5.0 软件进行序列分析,分别依据邻接法（Neighbor Joining, NJ）、最大简约法（Maximum Parsimony, MP）、最大似然法（Maximum Likelihood, ML）、构建系统发育树,将空位（Gap）作为缺失处理。使用自展（Bootstrap）1 000 次重复检验分支拓扑结构的置信度,碱基替换信息计算模式选择"d: Transitions+Transversions",遗传距离模型选择"Kimura 2-parameter"。最后利用 Kimura 2-parameter（Kimura,1980）模型建立邻接（NJ）树,自展分析（bootstrap）重复 1 000 次以检验其拓扑结构的可靠性。

7.3　结果与分析

7.3.1 PCR 扩增与测序成功率

通过对 DNA 条形码的序列信息、进行种内种间差异分析,对自行测序和 NCBI 数据库下载的材料均进行扩增测序成功率和序列信息特征的分析统计,结果见表 7-5。杏（亚）属条形码扩增测序成功率最高的是 *trn*H- *psb*A（94.29%）,从低到高依次为 *rbc*L（54.28%）、*mat*K（65.71%）、ITS（85.71%）。由表 7-5 可知, ITS 序列中（G+C）含量最高（61.3%）其他序列依次为 *rbc*L（44.9%）*mat*K（33.1%）和 *trn*H-*psb*A（22.4%）。其中紫杏的序列是通过克隆测序的方式获得,且具有 2 条长度不同的序列。

7.3.2 杏（亚）属植物 DNA 条形码的筛选

测定和下载 GenBank 的 DNA 条形码候选片段序列对比发现, *rbc*L 和 *trn*H-*psb*A 序列非常保守,各包含 2 个变异位点,且分别出现在紫杏（*P. dasycarpa* Ehrh.）和梅（*P. mume*）这两个物种上,其余序列同源性为 100%;本研究中的叶绿体基因 *mat*K 包含 8 个变异位点,也都分布在紫杏和梅两个物种上,其余物种序列的同源性为100%。ITS序列中包含变异信息位点数21个,其中,紫杏的序列比较特殊,该种下材料均具有2条ITS序列,其中KX890450和KX890451这2条较长序列的同源性达到了100%,并能够与所有杏(亚)属植物分开;KX890452和KX890449这2条短的序列与普通杏序列非常相近,同源性达到了95%。

为了明确DNA条形码的4个序列在杏(亚)属种间和种内的遗传分化,利用K2P模型计算遗传距离,进而分析各个候选序列在种间和种内的变异情况,结果如表7-5所示,所有DNA条形码候选序列在种内变异均大于种间变异。有关杏(亚)属植物的种间变异,ITS序列的变异最大,其次为matK,而rbcL和trnH-psbA的种间变异都非常小。所有片段的种间遗传距离均值均大于或等于种间最小遗传距离,而种间最小遗传距离全部小于相应的种内遗传距离均值,由此可推测4条通用的DNA条形码序列均不适合对杏(亚)属内的种间鉴定,由于ITS序列的变异数目最多,因此仅对ITS序列予以分析。

表7-5 杏(亚)属植物样品中 *matK*、*rbcL*、*trnH-psbA*、ITS 的序列特征

	*rbc*L	*mat*K	*trn*H- *psb*A	ITS
测序成功率	54.2	65.71	94.29	85.71
序列长度范围	525	735	315	609–627
平均 G+C 含量	44.9	33.1	22.4	61.3
变异位点数量	2	8	2	21
简约信息位点数量	2	7	2	15
单变异位点数量	0	1	0	6
所有种间遗传距离均值	0.001 0	0.001 9	0.001 0	0.003 5
种间最小遗传距离	0.000 0	0.000 0	0.000 0	0.000 0
种内遗传距离均值	0.000 2	0.000 3	0.000 3	0.000 4

7.3.3 基于ITS序列的杏(亚)属系统发育分析

通过利用自行测定和更大类群杏(亚)属植物材料(包括来源于 GenBank 的样品),共计 27 条序列,以新疆野扁桃(*Amygdalus ledebouriana*)为外类群,采用 MEGA 6.0 利用邻接法构建杏(亚)属的

ITS 序列的系统发育树（图 7-1）。从 ITS 序列构建的分子系统树（图 7-1 ）
发现：首先是源自紫杏（ *P. dasycarpa* Ehrh. ）的 2 条序列聚为一个分枝，
同时具有 100% 支持率，这 2 条序列与其余样本序列的遗传距离都比
较远；其次，梅的所有材料聚为一单系分支与普通杏等材料分开，并有
88% 的支持率，其中来自湖北的 2 份梅的材料具有 100% 支持率；虽然
普通杏、藏杏、东北杏、西伯利亚杏和紫杏序列在聚类在一个大分支上，
来源在同一个地理范围的种间变异非常有限：藏杏的 3 份材料中 2 份
来自西藏聚类，而来自辽宁的藏杏、东北杏和西伯利亚杏聚在一起，宁
夏和甘肃的普通栽培杏聚类非常近，有 98% 的支持率；而来自新疆的 6
份普通杏材料都聚在一起，紫杏（ *P. dasycarpa* Ehrh.）材料的序列分别
聚类。总之，基于核基因 ITS 的基因树分辨率不高，可能是由于种间杂
交和基因渐渗所致。

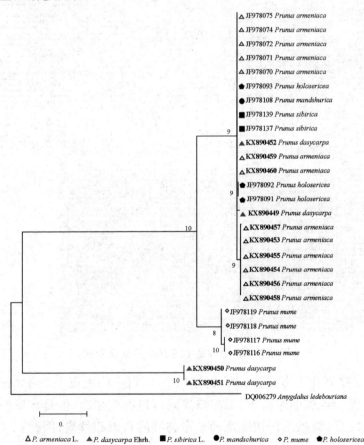

图 7-1　基于 ITS 构建的 NJ 树，分枝上数字代表自展支持度（重复 1000 次）

7.3.4 ITS 序列对杏(亚)属的鉴定力评价

首先从 PCR 扩增测序成功率和物种鉴定率 2 个方面对杏(亚)属植物的 ITS 序列进行评价。ITS 序列的 PCR 扩增测序成功率为 85.71%，但富含变异位点 ITS 序列的紫杏均需要克隆测序这与 DNA 条形码技术的快速鉴定物种的初衷相背离。ITS 序列可以区分和鉴定出紫杏、梅和其他杏(亚)属植物材料。由于 ITS 片段本身就是多拷贝的(Alvarez and Wendel,2003)，而不同拷贝的协同进化不完全的现象在紫杏的材料中尤为明显,本研究自行测定的所有紫杏样品中,均存在 2 条 ITS 序列(图 7-2),而其他材料中的 SNP 位点非常少。

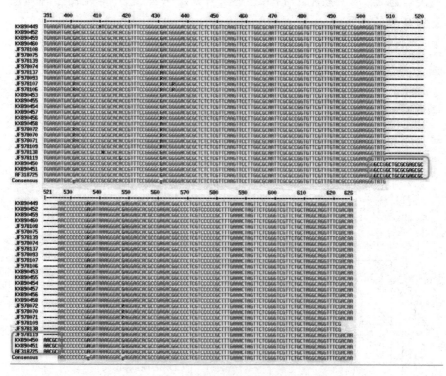

图 7-2 27 个样品 ITS 序列片段比对图

ITS 序列在大多数杏(亚)属植物中非常保守,由图 7-2 可知这些序列的变异位点也非常有限,虽然该序列可以鉴定紫杏,但是该序列要进行克隆测序,与条形码快速准确鉴定物种的初衷相悖离,因此 ITS 序列不宜于应于杏（亚）属植物的条形码研究，但可以做为鉴定紫杏的重要方法。

7.4　讨　论

7.4.1 杏（亚）属植物 DNA 条形码的鉴定力

利用 DNA 条形码进行物种鉴定和识别（Heber et al, 2003），对 DNA 条形码的鉴定力主要从 3 个方面进行评价。（1）引物的通用性（扩增成功率）。即候选条形码序列应在被检测材料中都能够进行扩增或者是通过克隆测序获得。（2）序列的分辨率。获得的序列信息完整、准确、可读性好。（3）物种的鉴定率。采用的条形码必须要有一定的物种分辨率，能够将特定分类群中的物种尽可能的都鉴别区分。在杏（亚）属条形码扩增测序成功率依次为 rbcL（54.28%），其次为 matK（65.71%），ITS（85.71%）和 trnH-psbA（94.29%）（表 7-1、表 7-3），其中 3 个叶绿体基因序列的保守性很高，变异位点数在 2 ~ 7 个，而物种检定率最高的 ITS 序列能够鉴定出紫杏（$P.\ dasycarpa$ Ehrh.）和梅（$P.\ mume$）两个种。

由于每个基因的进化速率不同，以及植物的进化历程、种间杂交等诸多原因，不同类群植物的最适条形码序列也有很大差别。在本研究中，trnH- psbA 序列较易扩增，引物通用性较好，这与 Lahaye 等（2008）在兰科植物上有较高的成功率相似（达 90% 以上），在杏（亚）属中变异位点仅有 2 处，该片段识别率较低与在李亚属物种间单独使用这个片段识别率较低的结果类似。而胡文舜等（2013）研究表明，叶绿体基因 trnH-psbA 序列可有效地进行枇杷属内物种鉴别及属间分类，是枇杷属植物 DNA 条形码研究的标准基因之一。

在 DNA 条形码候选片段中，matK 是进化最快的编码基因之一，它的进化速度是 rbcL 的 2~3 倍，遗传变异较大。Chase 等（2005）认为 matK 在不同类群上进行扩增时需要的引物不同，该编码片段的引物通用性较差。在本研究中，发现 matK 的通用性较好。Fazekas 等（2008）在 92 种陆生植物进行扩增时，matK 基因扩增成功率低于 50%，并且在双向测序上也存在差异,而 *mat*K 基因可在柑橘属果树(于杰等,2011)上应用的效果较好;*mat*K 基因扩增成功率 65.71%,但在杏(亚)属不同物种间产生的变异不足,许多种间材料上存在相同的序列,这与李斌(2016)等在李属材料中的研究结果相似,不能对属内种下材料进行有效鉴定。因此,杏(亚)属分类群中不适合利用 *mat*K 序列进行种级分类鉴定。

叶绿体 *rbc*L 基因被作为 DNA 条形码研究的热点候选片段,但有学者提出由于 *rbc*L 基因进化速度较慢,不适合作为种水平上的物种鉴定片段。Kress 等(2005)利用 9 个 cpDNA 区段对整个被子植物类群进行了取样研究,认为单独使用 *rbc*L 区段会因变异程度低而难以满足 DNA 条形码要求。在杏(亚)属中,*rbc*L 进化速度较慢,在不同物种水平遗传变异位点仅有 2 个,物种的鉴定率低,不适合做为鉴定杏物种的序列。

有研究表明,ITS 片段在物种水平上变异较大,由于既有变异性又有保守性已被广泛应用于物种分类及系统进化研究。但 ITS 基因在杏(亚)属的 DNA 条形码聚类分析和遗传距离的分析表明,梅、紫杏(*P. dasycarpa* Ehrh.)和普通杏种群材料与其他种的关系比较远,刘艳玲等(2007)用 ITS 序列推测核果类系统关系也得到了相似结论;与王化坤等(2010)采用 ITS 序列推测核果类进化关系结果差异较大。这一方面可能是由于核基因 ITS 序列的信息位点有限,另外一方面很可能是属内取样数目少、覆盖的变异有限所致。这一结果在本研究中表现较为突出,在同一类群内部不同来源的样本之间遗传差异很小,或者没有差异。这与章秋平研究李亚属 ITS 分子特征表明:仅通过 ITS 序列片段不能将李亚属的所有种级分类群完全分开(2018),还需要结合其他序列进一步区分是比较一致。值得一提的是紫杏均包含有 2 条序列,由于 ITS 序列是双亲遗传,父母本的序列常会同时表现在杂交后代中(Du et al,2010,Rauscher et al,2002),'紫杏'在多种分子标记的研究中都单独聚类,这一结果也得到多种涉及核基因组和胞质基因组的分子标记技术(AFLP、SSR、ISSR 和 SRAP)证实。本研究是针对分类阶元的杏(亚)属植物,通过 ITS 序列片段也只能够区分梅和紫杏,而不能将杏(亚)属的其他种级分类群进行鉴定区分。Wen 等(2007)在李属的 70 个种中,位于 103 bp 处的 18 个碱基缺失,认为这一区段可以当作杏组材料的识别特征,这与本研究的结果一致。综上所述,ITS 序列片段不适合做杏(亚)属植物的候选片段。总之,本研究所选择的 DNA 条形码候选序列中 ITS 序列能够有效地鉴定紫杏。

目前,DNA 条形码技术在柑橘属(于杰等,2011)的研究是可行的。但本研究在杏(亚)属中的研究发现,4 个候选的核心条形码对杏物种的鉴定率都非常有限,章秋平(2018)在李亚属中也未发现合适的条形码片段,而纵观植物 DNA 条形码的研究发现,找到"通用"DNA 条形码是挑战性的工作,这也有可能是每个分类阶元存在特定的、有待验证的 DNA 条形码(Sun et al,2012)。

7.4.2 新疆杏(亚)属植物的系统发育关系

本研究工作在查阅杏(亚)属植物标本基础上,通过野外调查采集杏(亚)属植物,普通杏在环塔里木盆地的绿洲、帕米尔高原地区广泛分布,但杏(亚)属植物的另外一个种紫杏(*P. dasycarpa* Ehrh.)则非常稀有。本研究选取新疆的 2 个种,旨在从分子系统学上对新疆杏(亚)属植物的种间亲缘关系和分类进行研究,为新疆杏(亚)属的系统演化、传播和资源保护提供依据。对自行采样和国际上公认的杏(亚)属的 GenBank 数据进行 DNA 条形码的分子系统学研究表明,新疆杏(亚)属其他类型在 3 个叶绿体条形码序列上无法进行区分鉴定,这主要是由于该基因序列非常保守,在适应性进化的过程中变异有限。针对 ITS 序列的杏(亚)属的系统(图 7-1)将杏属植物分为 3 大类:一类包括普通杏(包括来自新疆南部的普通杏)、山杏、藏杏和东北杏,另外一类包括梅、最后一类是紫杏(*P. dasycarpa* Ehrh.)。新疆的普通杏与其他来源的普通杏、山杏及其藏杏、东北杏在系统发育树的研究是无法进行区分的,因此要确定其系统发育关系仍需要应用其他的研究方法。紫杏(*P. dasycarpa* Ehrh.)具有有 2 条 ITS 序列,协同进化不完全的现象非常明显,由此判断紫杏(*P. dasycarpa* Ehrh.)是个杂交种。

紫杏(*P. dasycarpa* Ehrh.)在多种分子标记的研究中都单独聚类,而这一结果也得到多项涉及核基因组和胞质基因组的分子标记技术(AFLP、SSR、ISSR 和 SRAP)被证实(Hagen et al,2002,Zhang et al,2014,Li et al,2014)。Hagen 指出紫杏(*P. dasycarpa*)是(*P. brigantiaca*)和(*P. mume*)的杂交种(2002),章秋平等(2017)通过

*trn*L-*trn*F 序列片段得出樱桃李(*P. cerasifera* *Ehrh.*)是紫杏(*P. dasycarpa* *Ehrh.*)的母本。因此有关紫杏(*P. dasycarpa* Ehrh.)在杏(亚)属的系统发育关系有待进一步研究和确定。

有关杏的归属问题,随着人们陆续对李属植物的深入研究,Wen 等(2001)利用叶绿体基因 *ndh*F 和核基因 ITS 序列构建李属植物的系统发育关系,Shi 等(2014)利用 *atp*B-*rbc*L *mat*K, *ndh*F, *psb*A -*trn*H 等12 个叶绿体序列片段和 ITS、S6PDH 等核基序列进行李属系统发育研究,说明该属植物是网状进化,存在物种的边界模糊,鉴定困难。前人通过孢粉学、染色体数、染色体核型、同工酶及叶绿体 DNA 进行了系列研究,也有学者支持杏归为李亚属(*Prunus* L.)做为杏亚属或者是杏组的观点(Shaw and Small, 2004)。本书在 DNA 分子水平进行系统发育研究,也支持将其划分为杏亚属。

大多数植物的科、属间都存在着非常明显的形态差别,DNA 条形码主要是用于识别属内不同物种的差异。只有针对特定的属或属以下类群进行筛选能够区别形态近似种的候选序列,就有可能建立有效的DNA 条形码数据库。在杏(亚)属植物间不同物种可以较容易地相互杂交,从而模糊了物种间的遗传边界,造成这些候选 DNA 条形码序列在种级水平上有较大的差异,即在某些种上存在着较一致的变异,但是在另外一个种上却无法找到共同变异位点(种内变异过大),可能是该属经历了近期适应辐射或快速演化造成不同物种在同一片段上的进化速率具有明显差异。因此,需要从更多的保守序列中筛选出适合作为该属 DNA 条形码序列。有报道指出:叶绿体全基因组的序列,可以提供更多信息位点,有望成为植物 DNA 条形码精确鉴别的一个重要途径(Li et al, 2015)。包文泉(2017)基于叶绿体基因组水平对仁用杏分类地位研究表明,其叶绿体基因组水平的变异主要发生在基因间隔区和内含子区,而编码区较为保守。如 *psb*A_*trn*K-UUU、*ndh*G-*ndh*I、*trn*K-*rps*16、*ccs*A-*ndh*D 和 *ndh*F-*trn*L 等基因间隔区是杏属植物叶绿体基因组变异热点区域。这些区域可以为植物 DNA 条形码的筛选及系统进化分析提供重要序列基础。也为下一步筛选较适合的杏(亚)属快速鉴定片段提供了借鉴。

总之,在今后的研究中还需挖掘其他变异更丰富的 DNA 区段或者是全基因组基因信息,用于该(亚)属植物的物种鉴定,且该亚属植物的物种鉴定一定要结合该物种的地理分布、每个种的形态特征、物种的生殖隔离等情况重新审视其分类和系统发育关系。也将为其他核果类果树的相关研究提供有益参考。

第8章 基于 DNA 条形码研究紫杏（*P. dasycarpa* Ehrh.）的杂交起源

8.1 引 言

通过对新疆杏（亚）属植物进行了 SCoT 分子标记和 DNA 条形码进行了深入探讨,基于所有的紫杏都具有 2 条 ITS 序列,但在 SCoT 分子标记时,只有紫杏能够被较好的鉴定和区分,而阿里瓦拉与普通杏还难以区分,在分子水平的系统发育关系显得非常特别。紫杏（*P. dasycarpa* Ehrh.）在伊朗、阿富汗、克什米尔等一些国家常作为重要的核果类果树进行栽培,我国仅在新疆南部有零星保存。紫杏（*P. dasycarpa* Ehrh.）在新疆有 2 个类型,其中紫杏的植株矮小、叶片结构与杏非常相似,果实表面有茸毛,果皮呈紫黑色或暗紫红色,其果肉偏酸与李相似,种仁为苦仁；而阿里瓦拉植株较为矮小,叶片结构与杏相似,果实无茸毛,果皮呈黄绿色,其果肉偏酸,种仁为甜仁。

关于紫杏（*P. dasycarpa* Ehrh.）的起源和系统发育关系,多年来一直是学术研究的焦点,我国学者廖明康（1994）等用扫描电镜对紫杏的孢粉学研究,紫杏（*P. dasycarpa* Ehrh.）花粉相比于普通杏小,接近于李,条纹走向为分支交叉型,表现复杂。通过用两种同工酶对新疆杏属植物做了系统研究,根据酶谱及其扫描图的差异分析紫杏（*P. dasycarpa* Ehrh.）与樱桃李（*P. cerasifera*）酶带分布除强度有差异（廖明康,1994）。前人对其起源提出了两个假说：一是 Byrne（1990）认为紫杏（*P. dasycarpa* Ehrh.）是樱桃李和普通杏天然杂种的推论。另一种是《中国植物志》上记载的紫杏可能是杏和梅的中间类型。何天明（2006）采用人工杂交的方式探索紫杏杂交来源,章秋平等(2017)仅利用1份紫杏的1个叶绿体 DNA 的 *trnL-trnF* 序列推断樱桃李是紫杏(*P. dasycarpa* Ehrh.)的母系来源。这些研究尚不能很确切的说明该物种地系统发育关系。

长期以来,种间杂交被视为植物物种形成的重要机制。一系列分子基础研究表明,杂交能够促进适应性进化和物种形成(Abbott,1992; Arnold,1997; Ellstrand & Schierenbeck, 2000)。前人利用许多分子标记的方法在基因组水平上研究杂交物种的价值(Arnold et al, 2003; Rieseberg et al,2003)。由于 ITS 的杂交序列经常显示两个亲本物种的加性模式。近年来,该区域已被广泛用于鉴定 *Potamogeton* 杂种(Whittall et al, 2000)和一些假定的杂交种取得较好的效果(LH et al, 1996; Wang et al, 2007; Duet et al, 2009; Smith et al, 2017)。

叶绿体 DNA（简称 cpDNA）与核基因组相比,基因组显示出较低的替代率,其高度保守(Mameli et al, 2014)。尽管 cpDNA 在植物物种间高度保守,但通过比较 cpDNA 的结构,发现其结构上的倒置、易位、插入和缺失的变化(Fant et al, 2005),能够在不同的分类学水平上评估植物系统发育重建(Du et al, 2009)。针对大多数植物的叶绿体遗传是非孟德尔遗传和单亲本遗传的特点,利用直系同源基因,可以排除旁系基因的干扰。一方面,李属植物的叶绿体 DNA 具有母系遗传的特点可用于研究植物的起源、演化机制。在构建杂交物种系统发育的过程中揭示其分化来源。

越来越多的研究者将核基因与叶绿体的基因一起用于杂交鉴定和系统发育研究中(Zalewska-Ga-osz et al, 2009, Zhang et al, 2009)。在 cpDNA 基因中,*rbc*L 被成功用于定 *Potamogeton* 的杂交来源的鉴定有较好的效果(Du et al, 2010); *trnH-trn*K 区域是基因间隔区,在核苷酸序列、单倍体和核苷酸多样性检测中均显示出显著的遗传多样性(Mohamedi et al, 2014);而位于叶绿体的 *mat*K 编码区被证明在不同的系统发育重建中可用于不同分类学水平的系统发育重建,适合低分类阶元(种间及种下)的分类和鉴别研究。在本研究中,我们使用叶绿体 *rbc*L 序列、*mat*K 和 *trnH-trn*K 3 个序列和 ITS 核基因序列,在紫杏(*P. dasycarpa* Ehrh.)、普通杏(*P. armeniaca* L.)、樱桃李(*P. cerasifera*)和中国李(*P. salicina*)的 14 份材料中的序列特征以探讨紫杏的杂交起源。

8.2 材料与方法

8.2.1 材料

本研究中所用22份样品采自国家果树种质新疆轮台果树及砧木资源圃,2份西北地区的普通杏采自辽宁农业科学院国家果树种质熊岳李杏资源圃。样品用硅胶快速干燥后,密封保存(Chase and Hills,1991)。试材及相关序列信息见表8-1。

表8-1 用于本研究的14份植物材料序列信息

序号	种名	标本号	登录号			
			*rbc*L	*mat*K	*trn*H-*trn*K	ITS
1	*P. armeniaca*	'Kuchetuoyong'	MN049225	MN049194	MN049237	KX890454
2		'Tehutikudu'	MN049226	MN049195	MN049239	KX890457
3		'Guoxiyuluke'	MN049229	MN049196	MN049238	KX890458
4		'Mantouyuluke'	MN049230	MN049197	MN049242	KX890453
5		'Shachehongteke'	MN049232	MN049198	MN049240	KX890456
6		'Korlatuoyong'	MN049231	MN062426	MN049241	KX890455
7		'Jingmama'	MN049228	MN049200	MN049244	KX890459
8		'Jidanxing'	MN049227	MN049201	MN049243	KX890460
9	*P. dasycarpa* Ehrh.	'Aliwala'	MN049220	MN049203[CS]	MN049247	KX890451&[CS] KX890452
10		'Zixing'	MN049219	MN049202[CS]	MN049246	KX890449&[CS] KX890450
11	*P. cerasifera*	'HongYingtaoli'	MN049223	MN049204[CS]	MN049250	MN049235
12		'HeiYingtaoli'	MN049221	MN049205[CS]	MN049249	MN049233
13		'HuangYingtaoli'	MN049222	MN049206[CS]	MN049248	MN049234
14	*Prunus*	'ZhongguoLi'	MN049224	MN049199[CS]	MN049245	MN049236

[CS] 表示最终序列由克隆测序获得

8.2.2 总 DNA 提取

总 DNA 提取参考 6.2.2。

8.2.3 PCR 扩增测序

PCR 扩增中序列扩增反应参考 3.2.3。所用引物均由上海生工生物工程有限公司合成（表 4-2）。其中 trnH-trnK 序列扩增 PCR 反应总体积 25 μL，内含 1×PCR Buffer、1.5 mmol/L MgCl₂、0.2 mmol/L dNTP、引物各 0.25 μmol/L、1 U Ex Taq 酶（TaKaRa，Japan）、10% 甘油和 20 ~ 30 ng 模板 DNA；扩增反应在 Thermal Cycler（C1 000，美国 Bio-Rad 公司）上进行；扩增程序：95℃预变性 5 min，94℃变性 30 s，62℃退火 45 s，72℃延伸 1 min，循环 30 次，最后 72℃延伸 10 min，4℃保存。用 1% 琼脂糖凝胶电泳检测 trnH-trnK 序列扩增后的片段，目的片段用 DP1702 快捷型琼脂糖凝胶 DNA 回收试剂盒（北京百泰克生物技术有限公司）回收纯化，纯化后委托武汉艾康健生物科技有限公司完成测序，通过正向及反向 2 条引物进行双向测序并测通。将测序结果拼接后获得完整序列并提交 GenBank 数据库。

8.2.4 序列分析

序列初步处理：用 Editseq 软件将序列两头的冗余去除，调整校正；用 DNAMAN 分析序列的同源性；用 http://multalin.toulouse.inra.fr/multalin/multalin.html 软件统计和计算序列间的碱基突变位、碱基颠换数、转换数等信息。

表 8-2　供试 PCR 扩增引物序列信息

DNA 片段	引物名称	方向	序 列	出 处
matK	xF	F	TAATTTACGATCAATTCATTC	Ford et al（2009）
	5r	R	GTTCTAGCACAAGAAAGTCG	Li et al（2011）
rbcL	a_f	F	ATGTGACCACAAACAGAGACTAAAGC	Kress & Erickson

续表

	724r	R	TCGCATGTACCTGCAGTAGC	Fay et al（1997）
trnH-psbA	psbAF	F	GTTATGCATGAACGTAATGCTC	Sang et al（1995）
	trnH2	R	CGCGCATGGTGGATTCACAATCC	Tate & Simpson（2003）
ITS	ITS5	F	GGAAGTAAAAGTCGTAACAAGG	White et al（1990）
	ITS4	R	TCCTCCGCTTATTGATATGC	White et al（1990）

8.3　结果与分析

8.3.1 cpDNA 序列特征及变异分析

首先将序列在 NCBI 数据库进行 Blast 序列比对，利用 Editseq 对所获得的序列进行调整，将测序得到的序列去掉两端约 30 bp 大小的不可靠的碱基序列；利用 http://multalin.toulouse.inra.fr/multalin/multalin.html 软件分析序列的具体变异位点信息可以发现，3 份樱桃李序列、6 份普通杏序列（包含 4 份新疆栽培杏和 2 份西北栽培杏）、2 份紫杏序列和 1 份中国李序列，序列在种内都高度保守，而种间所有特异性差异位点为紫杏的系统发育提供了重要信息。

在 cpDNA 中变异位点最少的是 rbcL，该序列长 1 161 bp，同源性最高达 99%，仅含有 1 个特异性变异位点的碱基转换转换 / 颠换（transition/transversion），且存在于紫杏和 3 份樱桃李中（图 8-1，表 8-3）。matK 长 842 bp，有 7 个碱基差异变异位点（图 8-2，表 8-3），其中在 79 bp、138 bp、325 bp、363 bp 和 803 bp 处，有 5 次碱基置换，在 129 bp 发生 1 次颠换，在 823 bp 处，存在 1 个插入 / 缺失（indels/del），尤为重要的是，在 79 bp 有 1 个共同变异位点存在于紫杏和 3 份樱桃李中。trnH-trnK 长 1 592 bp，共检测到 26 个变异位点，28 个差异碱基信息位点（图 8-3，表 8-3），其中包括 10 处插入 / 缺失（indels/del）和

16 个转换 / 颠换（ transition/transversion ），尤为重要的是在所有的紫杏
（ *P. dasycarpa* Ehrh.）和樱桃李中检测到有 4 个共同变异位点, 分别是
142 ~ 143 bp 的（ indels/del ）,1 499 ~ 1 552 bp 处的 4 个（ indels/del ）,
176 ~ 178 bp 处的 1 次置换和 2 次颠换,181 bp 处的 1 次颠换; 其次,
还检测到在 3 份樱桃李和紫杏中共同存在的 4 个的变异位点, 分别是在
170 ~ 172 bp 和 1 564 bp 处的 2 处（ indels/del ）;14b p 和 189 ~ 193 bp
处的转换 / 颠换。综上所述, 所有紫杏（ *P. dasycarpa* Ehrh.）和樱桃李
中共检测到 4 个共同变异位点; 另外, 紫杏与 3 份樱桃李中共检测到 6
个共同变异位点。

8.3.2 ITS 序列特征及变异分析

通过直接测序和克隆测序将得到的序列进行校正, 由于紫杏的 2 份
材料均有两条序列, 因此共有 16 条序列进行比对。通过序列比对表明,
16 条序列相似度超过 96%,（ G+C ）含量偏高, 超过 60%。在 16 条序列
中共检测到了 12 个变异位点, 共发生 36 个碱基的变化, 其中 16 bp,32 bp,
42 bp 有 3 次插入 / 缺失（ indels/del ）, 颠换和转换共发生频次 9 次, 具
体变化发生位点和变化类型（图 8-4, 表 8-3）。通过序列变异检测发现,
在 2 份紫杏（ *P. dasycarpa* Ehrh.）序列和 3 份樱桃李和 1 份中国李序列
均在 507 ~ 526 bp 处存在一段 18 bp 的插入, ITS 序列是来自于樱桃
李还是中国李, 则需要结合叶绿体基因序列进行分析。值得注意的是在
紫杏（ *P. dasycarpa* Ehrh.）的 2 份材料中, 尤为明显的是不同拷贝之间协
同进化不完全现象, SNP 位点更是屡见不鲜, 充分体现了其杂交特性。

综上所述, 基于包括紫杏（ *P. dasycarpa* Ehrh.）的 14 份材料的核基
因 ITS 和 cpDNA 的 *rbc*L、*mat*K 和 *trn*H-*trn*K 序列中, 从 58 个序列的
13 个特殊变异位点说明了紫杏（ *P. dasycarpa* Ehrh.）系统发育分化的
母本来源是樱桃李, 其中紫杏与樱桃李序列的同源性更高, 其次是阿里
瓦拉。叶绿体与核基因序列结果具有很好的互补性, 相互印证并排除了
中国李是其母本的可能性。但由于 3 份樱桃李在该 4 个基因序列相当
保守, 还无法确定哪一种果色的樱桃李（ *P. cerasifera* ）作为母本参与了
紫杏（ *P. dasycarpa* Ehrh.）的杂交起源。

8.4 讨 论

8.4.1 紫杏(P. dasycarpa Ehrh.)与近缘物种的序列特征

前人研究表明,李属植物的叶绿体基因组具有母系遗传及进化速率较慢的特点,已成为植物系统分类和分子鉴定的首选序列。本研究中叶绿体 trnH-trnK 序列具有较高的核苷酸转换率,相比 rbcL 和 matK 具有较高的遗传变异,也提供了较多的系统分类学信息位点,这在 Mohamed 等(2014)对基于叶绿体 trnH-trnK 序列数据对突尼斯杏种质遗传多样性和系统发育关系的研究中得到了证实,在较低分类阶元的分类群中也有较多的有效信息位点,能将其用于属、种及种内等较低分类界元的系统发育研究和物种多样性鉴定。本研究中叶绿体 rbcL 序列只有一个变异位点,即仅在 41 bp 有 1 个特征信息位点;matK 包含有 7 个变异位点,但特征信息位点仅在 79 bp 处有 1 个特征信息位点;这与 rbcL 及 matK 基因的进化速率比较慢有关。ITS 序列在檽李的分子鉴定及其亲缘关系分析中也有较好的建鉴定效果(李斌等,2016),本研究的 ITS 序列数据表明,普通杏与中国李、樱桃李和紫杏均具有 2 个共同的特征变异位点,这 2 个变异位点将普通杏与其他三个种区分,进而联合利用 trnH-trnK 序列数据,分别在 143 bp、165 bp、170 ~ 172 bp、176 ~ 178 bp、181 bp、189 ~ 193 bp、195 bp、1 548 ~ 1 551 bp、1 564 bp 共 9 个特征突变区分中国李、樱桃李和紫杏。总之基于这 13 个特征变异位点,直接鉴定出樱桃李是紫杏系统发育的母系来源。章秋平(2018)利用 ITS 序列进行李属的研究发现,紫杏具有 2 条不同的序列的结果是相同。

普通杏、中国李、樱桃李和紫杏(P. dasycarpa Ehrh.)中的'阿里瓦拉'在叶绿体 rbcL 序列中均非常保守,在这些种级分类群上没有差异位点的分子特征,序列信息完全相同。在普通杏、中国李、紫杏(P. dasycarpa Ehrh.)中的阿里瓦拉的 matK 基因分子鉴定也表明,在同一种级分类群上存在个别的变异,但共同变异位点有限,无法依靠单条序列进行种级区分鉴定。樱桃李、紫杏(P. dasycarpa Ehrh.)在 trnH-trnK 序列数据中,共同拥有的特征变异位点有 4 个(图 8-3),中国李的 trnH-trnK 序列数据中有 3 个特异的信息位点,普通杏的特征变异位点有 4 个,综合这些重要位点的序列的特征信息,为紫杏(P. dasycarpa Ehrh.) 的系统发育提供了重要依据。

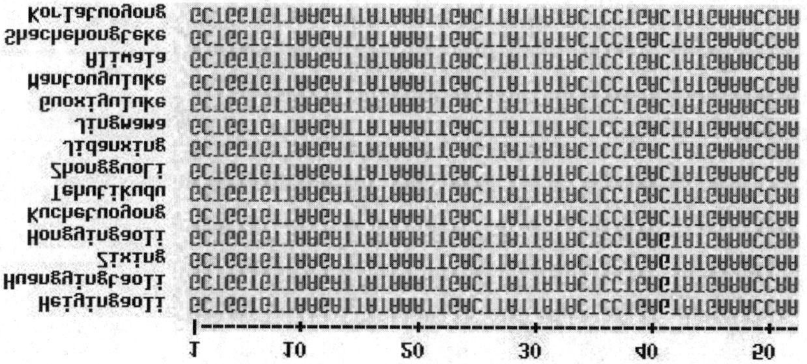

图 8-1　rbcL 特异性变异位点

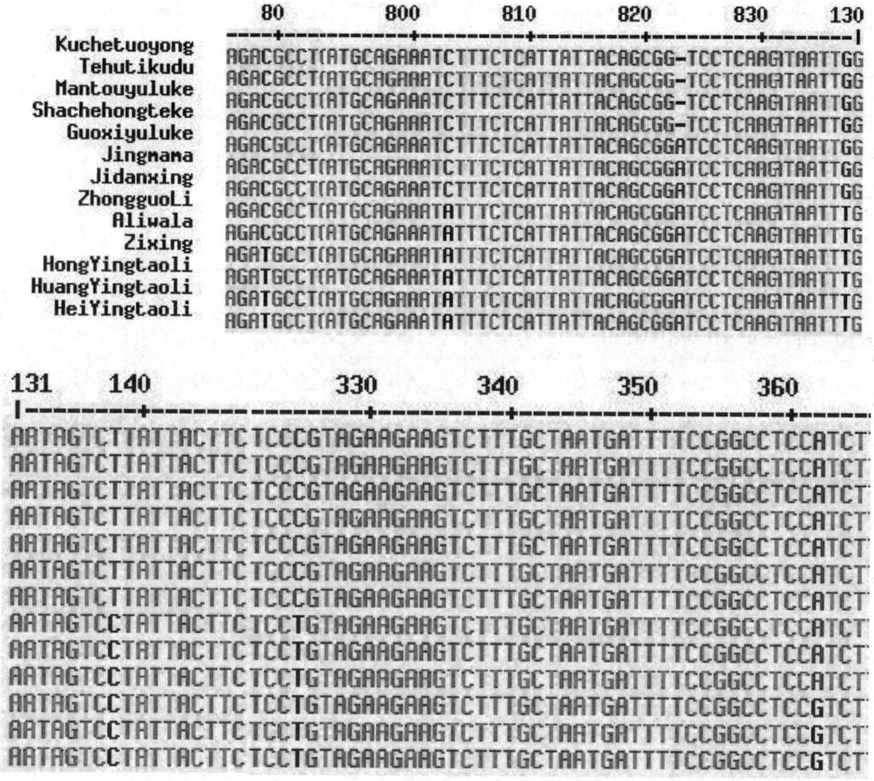

```
                80        800       810       820       830       130
                |---------+---------+---------+---------+---------+----
Kuchetuoyong    AGACGCCT(ATGCAGAAATCTTTCTCATTATTACAGCGG-TCCTCAAGTAATTGG
Tehutikudu      AGACGCCT(ATGCAGAAATCTTTCTCATTATTACAGCGG-TCCTCAAGTAATTGG
Mantouyuluke    AGACGCCT(ATGCAGAAATCTTTCTCATTATTACAGCGG-TCCTCAAGTAATTGG
Shachehongteke  AGACGCCT(ATGCAGAAATCTTTCTCATTATTACAGCGG-TCCTCAAGTAATTGG
Guoxiyuluke     AGACGCCT(ATGCAGAAATCTTTCTCATTATTACAGCGGATCCTCAAGTAATTGG
Jingmama        AGACGCCT(ATGCAGAAATCTTTCTCATTATTACAGCGGATCCTCAAGTAATTGG
Jidanxing       AGACGCCT(ATGCAGAAATCTTTCTCATTATTACAGCGGATCCTCAAGTAATTGG
ZhongguoLi      AGACGCCT(ATGCAGAAATATTTCTCATTATTACAGCGGATCCTCAAGTAATTTG
Aliwala         AGACGCCT(ATGCAGAAATATTTCTCATTATTACAGCGGATCCTCAAGTAATTTG
Zixing          AGATGCCT(ATGCAGAAATATTTCTCATTATTACAGCGGATCCTCAAGTAATTTG
HongYingtaoli   AGATGCCT(ATGCAGAAATATTTCTCATTATTACAGCGGATCCTCAAGTAATTTG
HuangYingtaoli  AGATGCCT(ATGCAGAAATATTTCTCATTATTACAGCGGATCCTCAAGTAATTTG
HeiYingtaoli    AGATGCCT(ATGCAGAAATATTTCTCATTATTACAGCGGATCCTCAAGTAATTTG

131    140               330       340       350       360
|------+---------+---------+---------+---------+---------+---------
AATAGTCTTATTACTTCTCCCGTAGAAGAAGTCTTTGCTAATGATTTTCCGGCCTCCATCT
AATAGTCTTATTACTTCTCCCGTAGAAGAAGTCTTTGCTAATGATTTTCCGGCCTCCATCT
AATAGTCTTATTACTTCTCCCGTAGAAGAAGTCTTTGCTAATGATTTTCCGGCCTCCATCT
AATAGTCTTATTACTTCTCCCGTAGAAGAAGTCTTTGCTAATGATTTTCCGGCCTCCATCT
AATAGTCTTATTACTTCTCCCGTAGAAGAAGTCTTTGCTAATGATTTTCCGGCCTCCATCT
AATAGTCCTATTACTTCTCCTGTAGAAGAAGTCTTTGCTAATGATTTTCCGGCCTCCATCT
AATAGTCCTATTACTTCTCCTGTAGAAGAAGTCTTTGCTAATGATTTTCCGGCCTCCATCT
AATAGTCCTATTACTTCTCCTGTAGAAGAAGTCTTTGCTAATGATTTTCCGGCCTCCATCT
AATAGTCCTATTACTTCTCCTGTAGAAGAAGTCTTTGCTAATGATTTTCCGGCCTCCGTCT
AATAGTCCTATTACTTCTCCTGTAGAAGAAGTCTTTGCTAATGATTTTCCGGCCTCCGTCT
AATAGTCCTATTACTTCTCCTGTAGAAGAAGTCTTTGCTAATGATTTTCCGGCCTCCGTCT
```

图 8-2　matK 特异性变异位点

表 8-3 *rbc*L、*mat*K、ITS 和 *trn*H-*trn*K 序列变异位点信息

样品名称	rbcL	matK							ITS												trnH-trnK			
	41	79	129	138	325	363	803	823	16	24	32	33	34	42	432	506	507	508	507–526	537	14	25	38	143
'Kuchetuoyong'	C	C	G	T	C	A	C	–	–	C	–	G	G	–	G	T	A	T	–	A	A	–	–	–
'Tehutikudu'	C	C	G	T	C	A	C	–	–	A	–	G	G	–	G	T	A	T	–	A	A	–	–	–
'Guoxiyuluke'	C	C	G	T	C	A	C	–	–	C	–	G	A	–	A	T	A	T	–	G	A	–	–	–
'Mantouyuluke'	C	C	G	T	C	A	C	–	–	C	–	G	G	–	G	T	A	T	–	G	A	–	–	–
'Shachehongteke'	C	C	G	T	C	A	C	A	–	C	–	G	A	–	R	T	A	T	–	G	A	–	–	–
'Korlatuoyong'	C	C	G	T	C	A	C	A	–	C	–	G	G	–	G	T	A	T	–	A	A	–	–	–
'Jingmama'	C	C	G	T	C	A	C	A	A	C	–	G	G	–	G	T	A	T	–	G	A	–	–	–
'Jidanxing'	C	C	G	T	C	A	C	A	A	C	–	G	G	–	G	T	A	T	–	G	A	–	–	–
'Aliwala'	C	C	T	C	T	A	A	A	A	C	–	G	G	–	G	T/G	A/C	T/C	※	A	C	G	A	A
'Zixing'	G	C	T	C	T	A	A	A	A	C	–	G	G	–	G	T/G	A/C	T/C	※	A	A	G	–	A
'Hei Yingtaoli'	G	T	T	C	T	G	A	A	A	A	A	–	A	G	–	G	G	C	※	A	A	G	–	A
'HuangYingtaoli'	G	T	T	C	T	G	A	A	A	A	A	–	A	G	–	G	C	C	※	A	A	G	–	A
'HongYingtaolii'	G	T	T	C	T	G	A	A	A	A	A	–	A	G	–	G	C	C	※	A	A	G	–	A
'ZhongguoLi'	C	C	G	T	C	A	C	A	–	C	A	G	G	A	G	G	C	C	※	A	A	G	–	–

注：- 碱基缺失，※：GCGGCGCGAGCGCAACG

					trnH–trnK											
	176–178	181	189–193	195	273–275	278	796	799	1417	1549–1554	1556	1561	1562	1564	1571	1574	1577
;T	GTA	T	ATACT	A	A--	C	A	–	–	TTTTGA	A	G	G	T	T	C	A
;T	GTA	T	ATACT	A	A--	C	C	–	–	TTTTGA	A	G	G	A	T	T	A
;T	GTA	T	ATACT	A	A--	C	G	–	–	TTTTTA	A	G	G	T	A	C	A
;T	GTA	T	ATACT	A	A--	C	G	–	–	TTTTGA	A	G	A	A	A	C	A
;T	GTA	T	ATACT	A	A--	C	G	–	–	TTTTTA	A	G	G	A	A	T	A
;T	GTA	T	ATACT	A	A--	C	G	A	–	TTTTTG	A	G	G	A	A	T	A
;T	GTA	T	ATACT	A	A--	C	G	–	–	TTT–GA	A	T	G	T	A	C	A
;T	GTA	T	ATACT	A	A--	C	G	–	–	TTT–GA	A	T	G	T	A	C	A
;T	AAT	A	ATACT	A	A--	C	G	–	–	----GA	T	G	A	A	A	T	G
;T	AAT	A	TACTA	T	TAC	A	G	–	A	----GA	T	G	A	–	A	T	G
;T	AAT	A	TACTA	T	A--	C	G	–	–	----GA	T	G	A	–	A	T	G
;T	AAT	A	TACTA	T	A--	C	G	–	–	----GA	T	G	A	–	A	T	G
;T	AAT	A	TACTA	T	A--	C	G	–	–	----GA	T	G	A	–	A	T	G
–	GTA	T	ATACT	A	A--	C	G	–	–	TT--GA	T	G	A	A	A	T	G

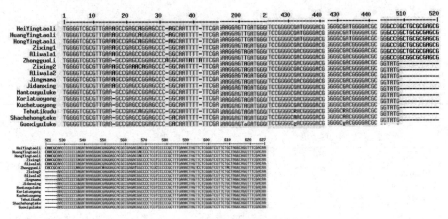

图 8-3　ITS 特异性变异位点

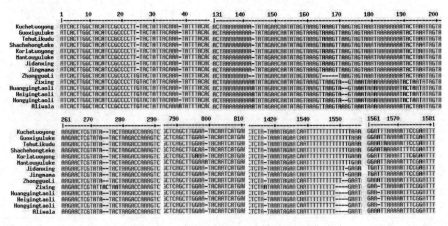

图 8- 4　*trn*H-*trn*K 特异性变异位点

8.4.2 紫杏(*P. dasycarpa* Ehrh.)的系统发育

本研究通过普通杏、中国李、樱桃李和紫杏(*P. dasycarpa* Ehrh.)的 4 个物种的 4 个常用 DNA 条形码的 58 条序列,基于 13 个特征变异位点,得出樱桃李是紫杏(*P. dasycarpa* Ehrh.)系统发育的母系来源。这一结果与章秋平(2017)利用叶绿体 DNA 的 *trn*L-*trn*F 序列是紫杏的杂交母本的结论相近,但本研究更加明确紫杏(*P. dasycarpa* Ehrh.)的另外一个类型阿里瓦拉也具有相同的母本来源,同时还提供了中国李不是紫杏母本的分子依据。

紫杏(*P. dasycarpa* Ehrh.)的 2 个类型紫杏和阿里瓦拉的 DNA 条

形码的序列特征表明：紫杏与樱桃李具有更多的共同特异信息位点，其与樱桃李的亲缘关系比阿里瓦拉与樱桃李更为接近。在栽培作物中，长期进行种间杂交和人工驯化是促进新物种的形成和分化的原因，在前人的研究中表明李属有明显的种间杂交现象，而多项研究表明与杏进行种间杂交时杏做父本的成功率更高（杨红花，2004）。但是关于紫杏和阿里瓦拉杂交次数、以及是否发生过回交事件尚不明晰。

物种的形成与地理分布、传播和驯化有着紧密的关系。紫杏（*P. dasycarpa* Ehrh.）最早被 Bailey（1916）命名，Mehlenbacher（1990）指出它常作为一种果树，在中亚的阿富汗、伊朗等地广泛栽培，同时有很多品种类型。目前国内仅在新疆南部有零星保存，有阿里瓦拉和紫杏（又称叶城紫杏）2 个类型。辽宁熊岳资源圃的紫杏也是从新疆迁地保存的。紫杏（*P. dasycarpa* Ehrh.）的母本来源是樱桃李，其父本为普通杏。但这一杂交物种起源于何地、什么时间、如何进行演化而来的，还值得进一步研究。根据《中国植物志》《新疆植物志》的记载，樱桃李是目前尚存的稀有野生果树，主要分布在天山西部的支脉上，在我国新疆伊犁的大西沟、小西沟植物群落中是优势种，并与野生杏、野生山楂、野生苹果混生。目前，虽然野生樱桃李和野生杏在地理分布范围上有一定程度的重叠，但是在这些地区，既没有发现有紫杏（*P. dasycarpa* Ehrh.）的单株，也没有发现其群落。根据现有的野生物种的分布情况，我们推测有两种可能，一是作为杂交种，无法适应环境，最终在野生林中不复存在；另外一种可能性更大一些，目前，存在我国的的紫杏（*P. dasycarpa* Ehrh.）很有可能是原苏联境内的天山支脉产生的种质，经历长期人工驯化和自然选择，沿着古丝绸之路由域外传播到新疆南部的外来物种。总之，栽培果树的传播与演化同商贾贸易、使节往来、民族迁徙及现代引种等有着密不可分的关系，栽培杏的系统发育学研究还需要有更大的类群和多种分子标记系统研究。

此外，有关紫杏（*P. dasycarpa* Ehrh.）的系统发育的研究表明，紫杏和阿里瓦拉这 2 份材料虽然母本相同，但是在表现型上有多对相对性状，如紫杏果皮紫色有毛，阿里瓦拉果皮黄绿色无毛；紫杏为甜仁，阿里瓦拉为苦仁。这对挖掘杂交物种的相关性状的功能基因和解析基因功能有着潜在的利用价值。

第9章 基于简化基因组测序的新疆部分杏(亚)属植物的系统发育研究

9.1 引 言

基于第2、3、4章对新疆杏(亚)属植物进行了SCoT分子标记、DNA条形码的系统发育研究进行了深入探讨,明确了紫杏在杏(亚)属植物的系统发育关系和紫杏(*P. dasycarpa* Ehrh.)杂交起源的母本类型。由于所有的紫杏都具有一长一短2条ITS序列,但在SCoT分子标记时,紫杏能够被较好的鉴定和区分,与'紫杏'同一个物种的阿里瓦拉却与普通杏难以区分;另一方面,西北地区的2份普通杏在SCoT分子标记的系统发育关系中阿里瓦拉的关系更为接近,在ITS序列的系统发育树中的亲缘关系超过90%,而对此现象还不能做出更好的解释,亟待开展基于全基因组水平的多态性研究,明晰新疆杏(亚)属植物的系统发育关系,以期为杏的种质鉴定、有效保护和科学利用提供全基因组水平上的分子依据。

人们通过对特定居群的植物基因组序列,可以全面了解该植物的群体遗传效应,为相关的定向选择、群体进化和遗传育种提供最基本的理论支撑。高通量DNA和RNA测序技术已经成功地鉴定了大量的单核苷酸多态性(SNPs)。Salaza 等(2015)利用高效的 RNA-Seq 方法与SNPlex(TM)高通量基因分型技术相结合,为杏的遗传分析、亲本关系与谱系关系分析提供了强有力的工具。近来快速发展起来的简化基因组测序技术具有不依赖参考基因组,能够开发大量的遗传变异位点SNP(Single nucleotide polymorphism)并能够代表全基因组信息、具有覆盖全基因组、高通量、位点特异、共显性和检测成本大幅降低等优点，因此广泛应用于群体进化分析、群体遗传分析和全基因组关联分析等研究领域。运用较多的是 RAD-seq（Reduced-representation sequencing）（Wang et al，2012），SLAF-seq（Specific Locus Amplified Fragments Sequencing）（Sun et al，2013）和 GBS 基因分型测序技术（用于有参考基因组的物种）。尤为重要的是 RAD-seq，它能够在很多没有参考基因组的生物中获得成千上万的单核苷酸多态性 SNP 标记，有利于在全基因水平进行群体结够、群体进化和辅助全基因组 *denovo* 组装等深入研究（Ali et al，2016）。目前，该技术在花生多态性和多倍体的起源研究（Gupta et al，2015）和栽培杨梅的起源和杨梅的种系统发育及果实相关的基因注释研究（Liu et al，2015）取得了显著成果。其中，刘路贤（2016）基于 SSR 和 RAD-seq 两种不同的分子标记探讨栽培杨梅的谱系关系，结果表明，RAD-seq 所揭示的品种（系）间的关系更清晰和可靠。

随着大量 SNP 标记的开发，使得 SNP 标记成为研究植物系统演化的重要手段。作为第 3 代标记类型，基因组的单核苷酸的多态性是由单碱基的颠换、转化，或者是单碱基的插入、缺失所造成的，相比 SSR、ISSR 等分子标记更有优势。简化基因组测序（Reduced-representation sequencing）是在第二代测序基础上发展起来的一种利用酶切技术或其他技术把物种基因组复杂程度降低的测序技术，其中运用最为广泛的是限制性酶切位点基因组测序技术，即 RAD-seq。该技术利用限制性内切酶将基因组进行酶切，产生一定大小的片段，以此构建测序文库，对酶切后产生的 RAD 标记进行高通量测序。由于该标记是在全基因组范围的特异性酶切位点附近的小片段的 DNA 标签，这些能够代表整个基因组的序列特征。因此通过对 RAD 标记测序能够在生物中获得数以万计的单核苷酸多态性（SNP）标记，能够在全基因水平进行物种鉴定、系统发育及辅助全基因组 de novo 测序等研究工作。通常酶切方式不同获得目的片段的大小和类型也不同，本研究所采用的是双酶切后测序，在全基因组水平解析新疆杏的遗传多样性和系统发育关系。

9.2 材料与方法

9.2.1 材料

22 份试材采自国家果树种质新疆轮台果树及砧木资源圃,2 份西北地区的普通杏采自辽宁农业科学院国家果树种质熊岳李杏资源圃。样品用硅胶快速干燥后,密封保存(Chase and Hills, 1991)。外类群和所用试材共 24 份,试材相关信息见表 9-1。

表 9-1 本试验样品相关信息

编 号	基因型	种 名	来 源
A1	阿克达拉孜	*P. armeniaca* L.	新疆 阿克苏
A3	辣椒杏	*P. armeniaca* L.	新疆 阿克苏
A4	库车托拥	*P. armeniaca* L.	新疆 阿克苏
A5	艾吉玉吕克	*P. armeniaca* L.	新疆 阿克苏
B1	轮台小白杏	*P. armeniaca* L.	新疆 巴音郭楞
B2	库尔勒托拥	*P. armeniaca* L.	新疆 巴音郭楞
B3	库买提	*P. armeniaca* L.	新疆 巴音郭楞
B4	索格佳娜丽	*P. armeniaca* L.	新疆 巴音郭楞
B5	白杏	*P. armeniaca* L.	新疆 巴音郭楞
K1	莎车黑叶杏	*P. armeniaca* L.	新疆 喀什
K2	早大油杏	*P. armeniaca* L.	新疆 喀什
K3	早熟黑叶杏	*P. armeniaca* L.	新疆 喀什
K4	克孜玛伊桑	*P. armeniaca* L.	新疆 喀什
K5	英吉沙杏	*P. armeniaca* L.	新疆 喀什
H1	洛普洪特克	*P. armeniaca* L.	新疆 和田
H2	安疆胡安娜	*P. armeniaca* L.	新疆 和田
H3	佳娜丽	*P. armeniaca* L.	新疆 和田
H4	早熟洪特克	*P. armeniaca* L.	新疆 和田

编　号	基因型	种　名	来　源
H5	洛普2号	*P. armeniaca* L.	新疆 和田
Z1	紫杏	*P. dasycarpa* Ehrh.	新疆 阿克苏
Z2	阿里瓦拉	*P. dasycarpa* Ehrh.	新疆 阿克苏
W1	金妈妈	*P. armeniaca* L.	甘肃
W2	鸡蛋杏	*P. armeniaca* L.	宁夏

9.2.2 DNA 提取

DNA 提取参考 6.2.2。

9.2.3 RAD 文库构建

利用 2b-RAD 技术构建杏 24 个个体的标签测序文库,样本采用标准型 NNN 接头建库。

9.2.4 2b-RAD 测序

利用 Hiseq2500 平台对 24 个杏样品在进行 Paired-end 测序。首先将不含有 *BsaXI* 酶切识别位点的序列剔除,再将低质量序列(低质量序列定义:大于 10 个碱基的质量分数小于 20)剔除,最后将有 10 个以上连续相同碱基的序列也剔除。将原始 reads 进行质量过滤后,就可以进行测序。

9.2.5 杏的 SNP 标记分型

为了获得可用于分型的 unique 标签,先将个体中高质量 reads 利用 SOAP 软件 mapping 到个体数据构建的高质量的参考序列。研究表明,24 个基因型,每个体平均测序深度为 132X,共获得平均 unique 标签数目 531 70。由此可知,24 个杏个体的测序深度均已达到准确分型的标准,可以继续进行下一步 SNP 标记分型比较。由于杏还没有参考基因组,依据 RAD-typing 的分型策略,标记分型主要有以下步骤(Fu et al, 2013):首先利用杏的个体标签构建参考序列:通常在不允许错配的前提下,将获得的个体标签聚类组成 allele cluster,再在允许 2 个错配的条件下,进一步将获得的 allele cluster 合并为 locus cluster,通过聚类构建的参考序列用于后续分析。为了保证分型的质量和准确性,先去除低覆盖度的 locus cluster 和重复序列造成的高覆盖度的 locus cluster,基于这些处理,再筛选出高质量的参考序列。将个体的高质量 reads 利用 SOAP 软件,将参数设置为:(-M 4,–v 2,–r 0)mapping 到参考序列上(Li et al,2009)。为了保证 SNP 位点分型的准确性和严谨性,利用最大似然法 ML 进行位点的分型。进行过滤时:只留取标签内最多有 3 个 SNP 的标签位点。另一方面,在个体内标签深度在 500 以上的不进行分型。

9.2.6 系统进化树分析

使用 SOAP 比对软件(version 2.21)将含有 SNP 位点的标签分别比对到近缘物种桃(*P. persica* L.)和梅(Verde et al,2012; Zhang et al,2012)的基因组上,将它们作为外类群。根据比对到的信息确定这些 SNP 位点分别在桃和梅的基因组上对应的碱基。将各个样品(包括桃和梅)的 SNP 位点依次组装起来,基于该数据使用 MEGA (version 6.0)分别基于邻接法和最大似然法构建进化树(使用 bootstraps 检验,bootstrap 迭代次数 1 000)。

9.3　结果与分析

9.3.1 2b–RAD 测序结果

将原始 reads 进行质量过滤后,统计结果见表 9-2。由表 9-2 可知,GC 平均含量为 46.13%,其中最高的'轮台小白杏'为 48.50%,最小的'莎车黑叶杏'为 43.97%。统计表明,共有 296 753 070 条 reads;平均测序 reads 数为 11 893 078 条;其中和田地区的 5 份样的 reads 数最少,均为 10 045 649 条,喀什地区的 5 份样的 reads 数最多,均为 1 2818 078。从表 9-2 看出,高质量 reads 占测序的原始 reads 的 87.75%,高质量的

reads 比例最高的‘辣椒杏’为 93.00%；高质量的 reads 比例最低的‘英吉沙杏’为 77.70%；通常大于 75% 被认为文库的测序质量合格，表明本次杏文库的测序质量较好，均满足分析要求。获得平均 unique 标签数目 53 170，个体平均测序深度为 132X。个体的测序深度能够达到准确分型的标准，可以进行下一步 SNP 标记分型分析。

表 9-2　RAD 测序结果

编号	基因型	总 reads 数	高质量的 reads 数	高质量 reads 百分比含量 /%	GC 百分含量 /%
A1	阿克达拉孜	12 537 833	10 375 315	82.80%	45.57%
A2	阿拉玉吕克	12 537 833	11 431 944	91.20%	44.62%
A3	辣椒杏	12 537 833	11 658 437	93.00%	45.73%
A4	库车托拥	12 537 833	11 437 147	91.20%	46.29%
A5	艾吉玉吕克	12 537 833	10 950 688	87.30%	47.04%
B1	轮台小白杏	12 629 850	11 022 748	87.30%	48.50%
B2	库尔勒托拥	12 629 850	10 990 122	87.00%	46.09%
B3	库买提	12 629 850	11 146 516	88.30%	46.90%
B4	索格佳娜丽	12 629 850	11 477 065	90.90%	45.92%
B5	白杏	12 629 850	10 891 950	86.20%	48.31%
H1	莎车黑叶杏	10 045 649	8 231 390	81.90%	43.97%
H2	旱大油杏	10 045 649	8 970 610	89.30%	45.34%
H3	早熟黑叶杏	10 045 649	9 281 904	92.40%	45.21%

编号	基因型	总 reads 数	高质量的 reads 数	高质量 reads 百分比含量 /%	GC 百分含量 /%
H4	克孜玛伊桑	10 045 649	8 962 971	89.20%	45.98%
H5	英吉沙杏	10 045 649	7 804 078	77.70%	47.10%
K1	洛普洪特克	12 818 078	10 311 312	80.40%	45.55%
K2	安疆胡安娜	12 818 078	11 447 726	89.30%	46.43%
K3	佳娜丽	12 818 078	11 745 477	91.60%	46.01%
K4	早熟洪特克	12 818 078	11 488 925	89.60%	45.29%
K5	洛普 2 号	12 818 078	11 036 082	86.10%	45.46%
Z1	紫杏	11 319 204	8 987 154	79.40%	44.36%
Z2	阿里瓦拉	11 319 204	10 006 374	88.40%	46.72%
W1	金妈妈	11 319 204	10 484 774	92.60%	47.93%
W2	鸡蛋杏	11 319 204	10 499 702	92.80%	46.86%
平均		11 893 078	10 433 305	87.75%	46.13%

9.3.2 SNP 分型和新疆杏系谱关系分析

对 24 个杏样品其中包含 2 份紫杏和 2 份西北地区杏(华北生态型)个体进行序列分析,通过对原始数据的处理、过滤、筛选和比对,在 24 个样品中,共得到 35 157 个能分型的 SNP 位点。通过获得的 SNP 位点,使用 MEGA(version 6.0)软件进行数据分析(Ane et al, 2007; Larget et al, 2010)将基于 24 份杏的的群体中的 35 157 个 SNPs 通过最大似然法和邻接法两种方法得到拓扑结构基本一致。

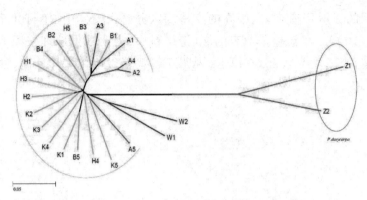

图 9-1　基于 RAD-seq 构建的 24 份材料的亲缘关系（ NJ 树）

A1 阿克达拉孜，A2 阿拉玉吕克，A3 辣椒杏，A4 库车托拥，A5 艾吉玉吕克，B1 轮台小白杏，B2 库尔勒托拥，B3 库买提，B4 索格佳娜丽，B5 白杏，H1 莎车黑叶杏，H2 早大油杏，H3 早熟黑叶杏，H4 克孜玛伊桑，H5 英吉沙杏，K1 洛普洪特克，K2 安疆胡安娜，K3 佳娜丽，K4 早熟洪特克，K5 洛普 2 号，Z1 紫杏，Z2 阿里瓦拉，W1 金妈妈，W2 鸡蛋杏

分析结果如图 9-1 所示。其中 2 份紫杏单独聚为一类，2 份中国北方栽培杏单独聚类在一起，其余所有新疆普通杏聚为一个大类，并且大多数杏是按照地域来源进行聚类。从亲缘关系上看，2 份紫杏与普通杏的亲缘关系都比较远，处于整个支系的外部；来自华北生态型的 2 份栽培杏与新疆杏资源的亲缘关系也比较远。大多数具有相同地理来源的杏资源能够聚为 1 类，地区之间亲缘关系为阿克苏地区较为古老，它与库尔勒地区杏资源的亲缘关系较近，接着是和田地区和喀什地区；其中不同地区的杏也有种质交换，如图 9-1 所示，轮台小白杏（B1）与阿克苏地区的杏种质的亲缘关系更近，巴音郭愣地区有 3 份与和田地区的 4 份杏资源的亲缘关系较近，例如，库尔勒托拥（B2）与库买提（B3）这 2 份材料镶嵌在和田地区的资源内，喀什地区的杏资源相对比较保守，其余的卡拉玉吕克（A2）和库车托拥（A4）的亲缘关系较近。在图 9-2 中，以桃和梅做为外类群利用 SNPs 构建的 NJ 和 MP 树的结果中，两种方法分析得到的分枝间的自举值稍有差异，该系统发育树得到的拓扑结构支持率大多都在 50% 以上，总体的趋势基本相近。普通杏与紫杏分别聚在一个大支上，并有很高的支持度（NJ 中 BP=100 和 MP 中 BP=100），与桃的关系远与梅的关系次之。普通杏的所有材料都聚在一起并有很高的支持度，值得一提的是，新疆的 20 份普通杏材料和来自西

北地区的2份普通杏,以很高的支持度区分开来(NJ中BP=100和MP中BP=100)。在新疆普通杏的20份材料中,主要根据地理来源不同进行聚类,支持度大多在50以上,说明新疆栽培杏遗传多样性高,种质有交换发生。

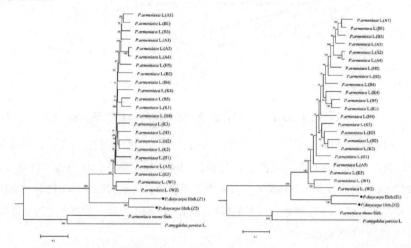

图 9-2   基于 SNPs 构建的 NJ 树和 MP 树(分枝上下方数字分别表示在拓扑树的自举值)

A1阿克达拉孜,A2阿拉玉吕克,A3辣椒杏,A4库车托拥,A5艾吉玉吕克,B1轮台小白杏,B2库尔勒托拥,B3库买提,B4索格佳娜丽,B5白杏,H1莎车黑叶杏,H2早大油杏,H3早熟黑叶杏,H4克孜玛伊桑,H5英吉沙杏,K1洛普洪特克,K2安疆胡安娜,K3佳娜丽,K4早熟洪特克,K5洛普2号,Z1紫杏,Z2阿里瓦拉,W1金妈妈,W2鸡蛋杏

9.4   讨   论

9.4.1 2b-RAD 测序多态性和信息量

由于2b-RAD简化基因组测序技术是通过利用2b型限制内切酶实现基因组DNA序列标记位点两端进行切割,得到相同长度的DNA片段,从而降低测序成本,同时又能获取大量遗传变异信息。本研究中24个测序文库中含有酶切位点的平均高质量reads占测序的原始reads的

87.75%，测序质量较好，满足分析要求；通过对原始数据的过滤、筛选和比对后，在 24 个样品间共得到了 35 157 个能分型的 SNP 位点，相比 DNA 序列测序的结果有更多的变异位点和更全面的信息，该技术在花生多态性和多倍体的起源研究（Gupta et al，2015）、栽培杨梅的起源和杨梅的种系统发育及果实相关的基因注释研究（Liu et al，2015）也取得了显著成果。Liu 等基于 SSR 和 RAD-seq 两种不同的分子标记探讨栽培杨梅的驯化起源，结果表明，RAD-seq 所揭示的品种（系）间的关系更清晰、更加可靠（Liu et al，2015），该分子标记方法可为其他植物的有效应用中提供借鉴。

9.4.2 与前人的研究结果比较

本研究利用 2b-RAD 简化基因组测序，在全基因水平进行物种鉴定，研究表明紫杏（*P. dasycarpa* Ehrh.）与参试的普通杏（*P. armeniaca* L.）在种水平上有很大的差异，是与普通杏（*P. armeniaca* L.）完全不同的一种植物。紫杏（*P. dasycarpa* Ehrh.）在多种分子标记的研究中都单独聚类，这一结果之前得到多项涉及核基因组和胞质基因组的分子标记技术（AFLP、SSR、ISSR 和 SRAP，cpDNA）被证实（Hagen et al，2002；Zhang et al，2014；Li et al，2014；章秋平，2017）。Hagen 等（2002）推断紫杏（*P. dasycarpa* Ehrh.）是（*P. brigantiaca* 和 *P. mume*）的杂交种，章秋平等（2017）通过 *trnL-trn*F 1 个序列片段得出樱桃李（*P. cerasifera*）是紫杏（*P. dasycarpa* Ehrh.）的母本。在我们的研究中，通过基于 DNA 条形码和 ITS 序列片段的杏（亚）属的聚类分析和系统发育的研究表明，紫杏（*P. dasycarpa* Ehrh.）的所有材料中均有 2 条完全相同 ITS 序列与梅（*P. mume*）和普通杏（*P. armeniaca* L.）的种群材料关系很远，而另外 2 条 ITS 序列与普通杏（*P. armeniaca* L.）的关系比较近。

本试验利用 2b-RAD 简化基因组技术，首次在全基因组层面上揭示了 24 份材料的分子系统发育关系，获得高密度的 SNP 标记，为建立杏（亚）属植物资源遗传变异数据库提供了基础，也为后续的分析提供了依据。本研究表明，普通杏（*P. armeniaca* L.）变异丰富，普通杏的 22 份样的变异属于种内水平的变异这与《中国植物志》对杏的划分是一致的。《中国植物志》根据普通杏的划分新疆南部的中亚生态群和华北生态群的杏，均被归为普通杏，但是从本研究的系统发育关系图中表明，新疆南部的普通杏与西北的普通杏可能是不同起源地的植物；同时本研究对 2 份紫杏(*P. dasycarpa* Ehrh.)的分类提供了全基因组水平的数据。

在前人的研究基础上,我们尝试利用 SCoT 分子标记、DNA 条形码和 RAD-seq 测序技术,利用三种不同的分子标记对新疆杏(亚)属植物进行遗传多样性研究和系统发育研究,分析说明新疆普通杏变异丰富,是普通杏的种内变异。并基于 3 个叶绿体基因组片段(*mat*K、*rbc*L、*trn*H-*trn*K)和 1 个核基因组片段(ITS)共 58 条序列的分析,利用多个基因序列和 13 个特殊变异位点,充分论证了紫杏(*P. dasycarpa* Ehrh.)杂交来源的母本是樱桃李,并排除了李为其母本来源。由此说明,紫杏(*P. dasycarpa* Ehrh.)是一个以樱桃李为母本杂交的中间类型,不具有种的分类学地位。徐桂香(2016)通过 4 条引物扩增出 60 个多态性位点,进行聚类分析发现 3 个新疆的杏品种能够聚为一类,而紫杏和 2 个樱桃李聚为一类,推断紫杏与樱桃李具有较近的亲缘关系。章秋平等(2017)利用 1 个叶绿体 *trn*L-*trn*F 序列就说明紫杏的杂交母本是樱桃李的结论相吻合。此外,通过对紫杏(*P. dasycarpa* Ehrh.)、樱桃李和普通杏进行扫描电镜花粉的形态学观察,从孢粉学角度进一步阐明了其花粉的特异性,说明紫杏(*P. dasycarpa* Ehrh.)的两个类型均具有花粉败育、畸形、变异幅度大的种间杂交特征。

本研究利用自行测定及前人发表的 DNA 条形码的 3 个叶绿体基因序列(*mat*K、*trn*H- *psb*A 和 *rbc*L)及 1 个核基因组序列 ITS 信息表明, ITS 的片段可以有效的鉴定出紫杏和梅,但是 3 个叶绿体基因序列非常保守,均不能将普通杏、藏杏、东北杏等进行鉴定。在今后的研究中有必要对杏(亚)属植物的形态、地理分布、多样性水平等情况进行详细观察和对比,针对标本馆和杏(亚)属的地理居群进行更为广泛的采样,利用叶绿体的间隔区 *rps*16-*trn*Q 进行单倍型分析鉴定其系统发育关系(Batnini et al, 2019)。进而利用全基因组测序或者是重测序进行该属系统发育学研究,以确定其属内物种数目和系统发育关系,从而确定杏(亚)属下材料的变异是种内变异还是种间变异,以明确该物种的数目,以及在李亚科的系统学发育地位。

SCoT 分子标记对物种遗传多样性和系统发育关系的鉴定有一定的局限性,在相似系数在 0.62 时仅能够将紫杏进行区分,这可能与该标记是功能性标记有关。通过 DNA 条形码的 ITS 序列构建的杏(亚)属的系统发育树,表明对紫杏(*P. dasycarpa* Ehrh.)有很好的鉴定力,而对普通杏、藏杏、东北杏均无法区分鉴定;基于 RAD-seq 测序的研究表明,2 种紫杏(*P. dasycarpa* Ehrh.)在全基因组水平与普通杏差异很大,新疆的普通杏与西北地区的普通杏的遗传变异是在种内变异,基于全基因水平上新疆栽培杏能够与西北地区的普通杏以 100% 的支持率进行聚类后,普通杏还可分为 2 个亚组。这也从另一个方面说明,利用 DNA 条形码、SCoT 分子标记在研究种内水平的变异是较为有限的。

新疆地处亚欧大陆腹地,是古丝绸之路的必经之地,对杏在世界的传播和驯化中起着重要的作用,栽培果树的地理起源、驯化次数是影响其遗传结构和遗传多样性水平及驯化相关性状形成的根本性因子之一。前苏联学者瓦维洛夫基于形态学特征的研究表明,杏的驯化起源大约在5000 年前,中国是栽培杏的重要起源中心之一。有学者对世界生态地理分布的栽培杏品种研究表明,栽培杏主要是从野生杏驯化而来,认为位于新疆伊犁天山北坡尚存的野杏是全世界栽培杏的原生起源种群,对世界栽培杏的驯化起着决定性的作用(Zhebentyayeva et al,2003,Liu et al,2016)。He 等(2007)利用 SSR 标记研究表明,伊犁地区的霍城县、巩留县、新源县野生杏具有丰富的遗传多样性,同时推测新疆的栽培杏可能是由伊犁的野生种群驯化而来。基于"就近驯化"的原则和本研究中 DNA 条形码和简化基因组测序对新疆杏的系统发育关系研究发现,新疆杏资源与 2 份西北部的杏的系统发育关系不同,阿克苏的杏资源最古老、遗传多样性最丰富,更加支持新疆南部的杏是由于人类活动将天山以北的野生杏,首先传播到新疆的阿克苏地区,进而逐步向其他地区进行传播。因此,不支持章秋平(2018)对普通杏的驯化是以西北品种群为中心向西扩散发展为新疆品种群、中亚品种群和欧洲品种群的观点。

新疆幅员辽阔、地形复杂、气候多样,人们常以天山为界将新疆分为南疆和北疆,按照植物学的分类北疆的野生杏和南疆的栽培杏均属于普通杏。按照生态类型进行划分,它们分别属于准葛尔 - 伊犁生态群和中亚生态群。不同的生态群在长期自然选择和人工驯化的作用下,表型丰富,又形成了非常丰富的地方品种类型。

目前,新疆伊犁尚存的野生杏(*P. armeniaca* L.)被公认为是世界栽培杏的原生起源种群,对世界栽培杏的驯化中起着重要作用(Zhebentyayeva et al,2003; Decroocqet et al,2016),He 等(2007)推测南疆的栽培杏是由伊犁野生类型普通杏驯化而来;也有的研究者推测它起源于天山,随后向西、向东等地进行传播(Zhebentyayeva et al,2012)。迄今为止,多项研究指出了中亚杏资源在世界杏种质中的重要地位（Decroocq et al, 2016； Maghuly et al, 2005）。

新疆是古丝绸之路的必经之地,据历史记载,该境内有三条通往欧洲的路线,古丝绸之路不仅是历史上横贯欧亚大陆的交通线、对文化、贸易和各种作物传播也做了巨大贡献,天山北部的杏很有可能随着古丝绸之路传到欧洲各国（Faust et al, 1998）。根据何天明（2007）研究结果发现新疆杏并没有与毗邻地区的栽培杏发生基因交流,本研究以少量有代表性的杏资源,从全基因组的水平上发掘新疆杏的基因组特性,发现不同地区的杏是具有种质交换的。新疆的栽培杏自交不亲和、加之当地居民长期采用种子繁殖,使得中亚杏资源变异丰富,具有丰富的遗传多样性,这些对世界杏资源均起了巨大的贡献。

新疆是杏的起源中心之一,有丰富的种质资源,但是随着生态环境的破坏,多地的野生和半野生的杏资源逐步萎缩、变少、甚至消亡。应着力构建核心种质,同时加强对新疆植物种质资源的保护和利用,以地理生态群进行采样可能会说明更多的问题。

在本研究进行简化基因组测序时所选择的样本量有限,在将来进行研究时,可以考虑增加更多的材料；同时结合形态学特征和经济性状进行调查,进行深入研究。

目前,中国乃至世界的杏（亚）属植物的数目尚有争议,其起源和系统发育关系尚不清楚,应通过更广泛的采集样本,分析与进化有关的序列片段,尤其是低拷贝的核基因,采用多个序列,多种分子标记联合研究,为其分类、系统发育和保护利用提供理论支撑。

新疆的栽培杏种类非常丰富,但目前还非常缺乏耐贮运的优质品种类型,今后应针对新疆的杏产业中存在的问题进行种质资源的精细评价和选育,培育和发掘耐贮运的优良品种,丰富杏供应市场。

将来应以杏基因资源表型鉴定研究为突破口,以特色功能成分和重要农艺性状为切入点,通过基因型鉴定和表型精细鉴定新疆杏种质,筛选特异杏基因资源；运用个体、群体试材及其取样策略,基于全基因组鉴定、DNA 条形码和简化基因组测序技术筛选鉴定杏基因种质,基于多组学和大数据挖掘特色功能成分和重要农艺性状基因材料。此外,整合多种信息并构建苦杏仁苷、氨基酸含量、矿质元素等特色功能成分和重要农艺性状光谱信息库。在获得大量杏基因组信息的基础上,如何高分辨、高效地解析基因功能、植物表型及环境响应三者的相互作用机理,以及植物表型与产量、品质和抗性之间的关系。

参考文献

[1]包文泉.基于形态、叶绿体基因组及核基因组 SSR 的仁用杏分类地位研究 [D].北京：中国林业科学研究院,2017.

[2] 白雁,李雯霞,王星.近红外光谱法测定道地产区生地黄中梓醇的含量 [J].中国实验方剂学杂志,2010,16（13）：45-47.

[3] 包文泉,乌云塔娜,赵罕,等.基于 SSR 标记的仁用杏主栽品种鉴别和指纹图谱构建 [J].西北农林科技大学学报(自然科学版),2017,45（06）：163-169.

[4] 陈国权.近红外光谱技术在感冒灵颗粒生产过程质量控制中的应用研究 [D].杭州：浙江大学,2017.

[5] 崔艳莉,冀晓磊,古丽菲娅,等.近红外光谱在果蔬品质无损检测中的研究进展 [J].农产品加工(学刊),2007（07）：84-86.

[6] 代芬,李岩,冯栋.小波去噪在基于近红外光谱的砂糖橘水分检测的应用 [J].湖南科技学院学报,2011,32（08）：36-39.

[7] 董英山,郝瑞.西伯利亚杏、普通杏及东北杏亲缘关系探讨 [J].吉林农业大学学报,1991（1）：24-27+115.

[8] 樊丁宇,廖康,杨波,等.新疆杏品种果实鲜食品质主要评价指标的选择 [J].中国农学通报,2009（22）：207-211.

[9] 樊丁宇,廖康,杨波.新疆杏品种果实鲜食品质主要评价指标的选择 [J].中国农学通报,2009,25（22）：207-211.

[10]冯晨静,张元慧,徐秀英,等.14 份杏种质的 ISSR 分析 [J].河北农业大学学报,2005（5）：52-55.

[11]冯立娟,苑兆和,尹燕雷,等.世界杏研究态势分析 [J].江西农业学报,2014（1）：16-20.

[12]冯愈钦,吴龙国,何建国,等.基于高光谱成像技术的长枣不同保藏温度的可溶性固形物含量检测方法 [J].发光学报,2016（8）：1014-1022.

[13]高连明,刘杰,蔡杰,等.关于植物DNA条形码研究技术规范[J].植物分类与资源学报,2012,34(6):592-606.

[14]葛颂.酶电泳资料和系统与进化植物学研究综述[J].武汉植物学研究,1994(1):71-84.

[15]管晓梅,杜军,张立人,等.基于高光谱技术的果糖检测优化算法和可视化方法[J].光电子·激光,2018(2):173-180.

[16]郭志明,郭闯,王明明,等.果蔬品质安全近红外光谱无损检测研究进展[J].食品安全质量检测学报,2019,10(24):8280-8288.

[17]郝莉花,张平.近红外光谱技术在食品产地溯源中的应用研究进展[J].农产品加工,2016(24):54-57.

[18]郝勇,孙旭东,高荣杰,等.基于可见近红外光谱与SIMCA和PLS-DA的脐橙品种识别[J].农业工程学报,2010(12):373-377.

[19]郝中诚,彭云发,张宏,等.基于近红外光谱的南疆温185核桃水分无损检测的研究[J].安徽农业科学,2014,42(21):7191-7193,7233.

[20]何东健,前川孝昭,森岛博.水果内部品质在线近红外分光检测装置及试验[J].农业工程学报,2001(01):146-148.

[21]何天明,陈学森,高疆生,等.新疆栽培杏群体遗传结构的SSR分析[J].园艺学报,2006(4):809-812.

[22]何天明.中国普通杏(*Prunus Armeniaca*)种质资源遗传多样性及紫杏(*P.dasycarpa*)起源研究[D].泰安:山东农业大学,2006.

[23]胡文舜.枇杷属植物ITS序列与系统发育分析(摘要)[A].中国园艺学会枇杷分会.第六届全国枇杷学术研讨会论文(摘要)集[C].中国园艺学会枇杷分会:中国园艺学会,2013:1.

[24]李斌,李军,李白,等.檽李的分子鉴定及其亲缘关系分析[J].果树学报,2016,33(11):1347-1356.

[25]李桂峰,赵国建,王向东,等.苹果质地品质近红外无损检测和指纹分析[J].农业工程学报,2008(6):169-173.

[26]李江波,赵春江,陈立平,等.基于可见/近红外光谱谱区有效波长的梨品种鉴别[J].农业机械学报,2013,44(03):153-157+179.

[27]李丽娜,李庆波,张广军.基于交互式自模型混合物分析的近红外光谱波长变量优选方法[J].分析化学,2009,37(06):823-827.

[28]李利民,徐麟,马凯,等.新疆主栽油杏品种综合性状评价[J].西北农报,2008,17(1):278-281.

[29]李明.中国北方普通杏和西伯利亚杏遗传多样性研究 [D]. 西安：西北农林科技大学,2014.

[30]李伟,罗华平,索玉婷,等.竞争性自适应加权采样算法和连续投影算法在南疆冬枣水分模型中的分析 [J].新疆农机化,2019（5）:20-23.

[31]廖明康,张平,郭丽霞,等.新疆杏属植物花粉形态的观察 [J].西北农业学报,1994（4）:13-16.

[32]林志丹.基于可见/近红外光谱分析的化肥土壤成分速测模型研究 [D].北京：中国科学技术大学,2016.

[33]刘洁,李小昱,李培武,等.基于近红外光谱的板栗水分检测方法 [J].农业工程学报,2010,26（02）:338-341.

[34]刘娟,廖康,曼苏尔·那斯尔,等.利用 ISSR 分子标记构建南疆杏种质资源核心种质 [J].果树学报,2015,32（3）:374-384.

[35]刘路贤.栽培杨梅谱系地理、驯化起源及品种（系）间关系的研究 [D].杭州：浙江大学,2016.

[36]刘艳玲,徐立铭,程中平.基于 ITS 序列探讨核果类果树桃、李、杏、梅、樱的系统发育关系 [J].园艺学报,2007（01）:23-28.

[37]刘燕德,应义斌,傅霞萍,等.一种近红外光谱水果内部品质自动检测系统 [J].浙江大学学报（工学版）,2006（01）:53-56.

[38]刘有春,陈伟之,刘威生,等.仁用杏起源演化的孢粉学研究 [J].园艺学报,2010,37（9）:1377-1387.

[39]刘宇婧,刘越,黄耀江,等.植物 DNA 条形码技术的发展及应用 [J].植物资源与环境学报,2011,20（1）:74-82.

[40]柳艳云,胡昌勤.近红外分析中光谱波长选择方法进展与应用 [J].药物分析杂志,2010,30（05）:968-975.

[41]龙治坚.枇杷属植物的遗传多样性分析和指纹图谱初步构建 [D].重庆：西南大学,2013.

[42]陆婉珍.现代近红外光谱分析技术 [M].2 版.北京：中国石化出版社,2006.

[43]罗聪.芒果 SCoT 分子标记与逆境和重要开花时间相关基因研究 [D].南宁：广西大学,2012.

[44]罗新书,陈学森,郭延奎,等.杏品种孢粉学研究 [J].园艺学报,1992,（04）:319-325+385-386.

[45]吕英民,吕增仁,高锁柱.应用同工酶进行杏属植物演化关系和

分类的研究 [J]. 华北农学报, 1994（4）: 69-74.

[46]玛依努尔·吐拉洪. 新疆阿克苏地方品种库车小白杏高效丰产栽培技术 [J]. 果树实用技术与信息, 2014（04）: 6-8.

[47]裴饮. 中国甜柿自然脱涩性状早期筛选及其杂交育种研究 [D]. 武汉: 华中农业大学, 2013

[48]彭云发, 罗华平, 王丽, 等.3 种不同红枣水分检测方法的比较 [J]. 江苏农业科学, 2016, 44（1）: 308-310.

[49]彭云发, 詹映, 彭海根, 等. 用遗传算法提取南疆红枣总糖的近红外光谱特征波长 [J]. 食品工业科技, 2015（3）: 303-307.

[50]上官凌飞, 李晓颖, 宁宁, 等. 杏 EST-SSR 标记的开发 [J]. 园艺学报, 2011, 38（1）: 43-54.

[51]上官凌飞, 李晓颖, 宋长年, 等. 梅 EST-SSR 标记的开发及利用 [J]. 西北植物学报, 2010, 30（9）: 1766-1772.

[52]石鲁珍, 张景川, 蒋霞, 等. 光谱测定南疆鲜冬枣 VC 含量方法的研究 [J]. 塔里木大学学报, 2015（4）: 93-98.

[53]孙家正, 张大海, 张艳敏, 等. 南疆栽培杏风味物质组成及其遗传多样性 [J]. 园艺学报, 2010, 37（01）: 17-22.

[54]孙通, 应义斌, 刘魁武, 等. 梨可溶性固形物含量的在线近红外光谱检测 [J]. 光谱学与光谱分析, 2008（11）: 2536-2539.

[55]唐冬兰. 柿属植物 DNA 条形码筛选及金枣柿分类学地位探讨 [D]. 武汉: 华中农业大学, 2014.

[56]唐长波, 方立刚. 黄桃可溶性固形物的近红外漫反射光谱检测 [J]. 江苏农业科学, 2013, 41（11）: 331-333.

[57]田有文, 程怡, 王小奇, 等. 基于高光谱成像的苹果虫伤缺陷与果梗/花萼识别方法 [J]. 农业工程学报, 2015, 31（4）: 325-331.

[58]王宝刚, 李文生, 蔡宋宋, 等. 核果类水果干物质含量近红外无损检测研究 [J]. 光谱实验室, 2010, 27（06）: 2118-2123.

[59]王宝刚, 李文生, 蔡宋宋, 等. 核果类水果干物质含量近红外无损检测研究 [J]. 光谱实验室, 2010, 27（6）: 2118-2123.

[60]王风云, 沈宇, 张琛, 等. 苹果糖度无损检测模型研究 [J]. 中国农业信息, 2018（4）: 101-108.

[61]王化坤, 陶建敏, 渠慎春, 等. 核果类果树 ITS 进化及系统发育关系研究 [J]. 园艺学报, 2010, 37（3）: 363-374.

[62]王化坤.梅 nSSR、cpSSR 开发及基于序列分析的核果类果树系统发育研究 [D].南京：南京农业大学,2007.

[63]王家琼,吴保欢,崔大方,等.基于 30 个形态性状的中国杏属（Armeniaca Mill.）植物分类学研究 [J].植物资源与环境学报,2016,25（3）：103-111.

[64]王铭海.猕猴桃、桃和梨品质特性的近红外光谱无损检测模型优化研究 [D].西安：西北农林科技大学,2013.

[65]王永芳,胡建胜,刘奎.新疆库车小白杏成熟过程物理特性试验研究 [J].轻工科技,2018,34（05）：39-40+68.

[66]王镇浦,周国华,罗国安.偏最小二乘法（PLS）及其在分析化学中的应用 [J].分析化学,1989,17（7）：662-669.

[67]魏景利,张艳敏,林群,等.我国杏种质资源研究及利用 [J].落叶果树,2010,42（02）：6-10.

[68]新疆维吾尔自治区统计局.新疆统计年鉴 [M].北京：中国统计出版社,1998-2018.

[69]徐桂香.紫杏生殖生物学及亲缘关系鉴定研究 [D].乌鲁木齐：新疆农业大学,2016.

[70]徐爽,何建国,易东,等.基于高光谱图像技术的长枣糖度无损检测 [J].食品与机械,2012（6）：168-170.

[71]薛建新,张淑娟,张晶晶.基于高光谱成像技术的沙金杏成熟度判别 [J].农业工程学报,2015（11）：300-307.

[72]薛龙,蔡隽,刘木华,等.基于可见近红外光谱结合不同光谱选择方法检测生姜含水率研究 [J].中国农机化,2012（02）：132-135.

[73]杨杰.葡萄内部品质的高光谱成像检测研究 [D].石河子：石河子大学,2016.

[74]杨磊,陈坤杰.近红外光谱在水果内部品质检测中的研究进展 [J].江西农业学报,2008（01）：76-78,81.

[75]杨忠,任海青,江泽慧.PLS-DA 法判别分析木材生物腐蚀的研究 [J].光谱学与光谱分析,2008,28（4）：793-796.

[76]姚燕,张建强,蔡晋辉,等.利用近红外光谱技术测定生物质的水分含量 [J].可再生能源,2011,29（3）：46-49.

[77]于杰.柑橘及其近缘属植物 DNA 条形码研制及其物种的鉴定研究 [D].重庆：西南大学,2011.

[78]俞德浚.中国果树分类学 [M].北京:农业出版社,1979.

[79]原帅,张娟,刘美娟,等.樱桃含糖量的无损检测实验研究 [J].分析试验室,2015(7):760-764.

[80]苑兆和,陈学森,何天明,等.中国南疆栽培杏群体遗传结构的荧光 AFLP 分析(英文)[J].遗传学报,2007,34(11):1037-1047.

[81]苑兆和,陈学森,张春雨,等.普通杏群体遗传结构的荧光 AFLP 分析 [J].园艺学报,2008(03):319-328.

[82]苑兆和.杏属植物(Armeniaca Mill.)种质资源分子系统学研究 [D].泰安:山东农业大学,2007.

[83]张兵.高光谱图像处理与信息提取前沿 [J].遥感学报,2016(5):1062-1090.

[84]张加延.杏李飘香资源与产业发展的 40 年历程 [M].北京:中国林业出版社,2013.

[85]张君萍,高疆生,李爱,等.新疆杏与华北杏果实主要营养成分比较分析 [J].新疆农业科学,2006,17(1):278-281.

[86]张若宇,饶秀勤,高迎旺,等.基于高光谱漫透射成像整体检测番茄可溶性固形物含量 [J].农业工程学报,2013(23):247-252.

[87]张伊挺,王翠翠,樊梦丽,等.基于便携式近红外光谱仪的重金属离子定量分析研究 [J].光谱学与光谱分析,2016,36(12):4100-4104.

[88]章秋平,刘威生,刘宁,等.基于形态性状的仁用杏种质资源分类研究 [J].果树学报,2015,32(3):385-392.

[89]章秋平,魏潇,刘威生,等.基于叶绿体 DNA 序列 trnL-trnF 分析李亚属植物的系统发育关系 [J].果树学报,2017,34(10):1249-1257.

[90]章秋平.李亚属主要果树种质资源的分子系统学研究与 DNA 条形码探索 [D].沈阳:沈阳农业大学,2018.

[91]赵博,李景剑,毛世忠,等.基于叶绿体 ndhA 基因内含子序列的 DNA 条形码在秋海棠属物种鉴定中的应用 [J].北方园艺,2016(16):103-107.

[92]赵华民.应用近红外光谱技术快速识别山楂汁品种的研究 [A].中国农业工程学会.纪念中国农业工程学会成立 30 周年暨中国农业工程学会 2009 年学术年会(CSAE 2009)论文集 [C].中国农业工程学会:中国农业工程学会,2009:4.

[93]赵丽丽.果品类内部品质近红外无损检测技术的研究 [D].北

京：中国农业大学,2003.

　　[94]周晶,孙素琴,李拥军,等.近红外光谱和聚类分析法无损快速鉴别不同辅料奶粉 [J].光谱学与光谱分析,2009（1）:110-113.

　　[95]邹爱笑.基于近红外光谱技术的淀粉含水量预测 [D].北京：北方工业大学,2017.

附 录

附录 I 基于简化基因组测序的共享标签数 -

	A1	A2	A3	A4	A5	B1	B2	B3	B4	B5	H1	H
A1		50 341	50 310	51 185	49 260	51 288	50 176	50 737	50 031	49 862	49 978	49
A2			50 999	52 581	50 003	51 515	50 955	51 167	50 702	50 636	50 578	50
A3				52 120	49 867	51 577	50 761	51 798	50 753	50 607	50 648	50
A4					51 318	52 511	51 916	52 579	52 164	51 910	51 780	51
A5						50 437	50 100	50 344	50 377	50 739	50 474	50
B1							51 393	51 994	51 327	51 104	51 482	51
B2								51 351	50 722	50 744	50 756	51 (
B3									51 301	51 120	51 089	51
B4										50 925	51 014	50 9
B5											50 964	50 (
H1												50 8
H2												
H3												
H4												
H5												
K1												
K2												
K3												
K4												
K5												
Z1												
Z2												
W1												
W2												

3	H4	H5	K1	K2	K3	K4	K5	Z1	Z2	W1	W2	A5
114	50 067	50 173	49 989	49 515	49 869	49 838	49 595	48 376	48 591	48 497	48679	48875
659	50 659	50 730	50 685	50 402	50 488	50 588	50 263	48 965	49 305	48 943	49 175	49 561
785	50 592	50 993	50 592	50 208	50 323	50 363	50 183	49 022	49 195	48 931	49 039	49 405
079	51 973	51 933	51 864	51 633	51 971	51 857	51 545	49 995	50 336	50 059	50 303	50 791
418	50 354	50 309	50 439	50 100	50 549	50 277	50 562	48 731	49 044	48 962	49 126	51 657
310	51 323	51 450	51 248	50 853	51 042	51 083	50 790	49 448	49 748	49 475	49 705	50 073
859	50 610	50 823	50 648	50 632	50 865	50 659	50 491	49 055	49 430	49 105	49 277	49 773
675	51 071	51 348	51 269	50 992	51 274	50 980	50 768	49 440	49 752	49 521	49 610	49 984
107	51 415	50 982	51 026	50 971	51 041	51 053	50 662	49 232	49 862	49 354	49 638	50 072
003	50 830	51 121	51 381	50 499	50 994	51 071	50 769	49 346	49 738	49 333	49 502	50 179
936	50 731	50 740	51 163	50 726	50 953	50 705	50 674	49 212	49 603	49 258	49 502	50 056
259	50 876	50 740	50 817	51 598	50 918	50 719	50 685	49 178	49 773	49 219	49 421	49 888
	51 090	51 157	51 009	51 161	51 695	50 968	50 881	49 330	49 740	49 581	49 627	50 035
		50 937	50 861	50 662	50 916	51 551	50 662	49 261	49 771	49 431	49 697	49 932
			50 890	50 681	50 951	50 936	51 093	49 331	49 650	49 312	49 527	49 928
				50 837	50 982	50 966	50 648	49 747	49 729	49 410	49 592	50 064
					50 893	50 577	50 793	49 493	50 236	49 203	49 451	49 864
						51 009	50 940	49 250	49 785	49 833	49 678	50 283
							50 765	49 388	49 944	49 625	50 130	49 973
								49 289	49 547	49 348	49 549	50 381
									49 164	48 293	48 422	48 550
										48 781	48 709	48 824
											49 074	48 790
												49 005

缩略语表

英文缩写	英文全称	中文名称
AFLP	Amplified Fragment Length Polymorphism	扩增片段长度多态性
BOLD	The Barcode of Life Data System	生命条形码数据系统
bp	Base Pair	碱基对
CBOL	Consortium for the Barcode of Life	生命条形码联盟
CTAB	Cetyltrimethyl Ammonium Bromide	十六烷基 -3- 乙基 - 溴化铵
COI	Cytochrome c Oxidase Subunit I	细胞色素氧化酶亚单位 I
cpDNA	Chloroplast DNA	叶绿体 DNA
DNA	Deoxyribonucleic Acid	脱氧核糖核酸
dNTP	Deoxyribonucleoside Triphosphat	脱氧核糖核苷三磷酸
EDTA	Ethylene Diaminete Traacetic Acid	乙二胺四乙酸
EMR	Effective Multiplex Ratio	有效多重系数
IPNI	International Plant Name Index	国际植物命名索引
ITS	Internal Transcribed Spacer	内转录间隔区
ISSR	Inter Simple Sequence Repeat	简单重复序列间多态性
IBOL	International Barcode of Life Project	国际生物条形码计划
ML	Maximum Likelihood Method	最大似然法
MI	Marker Index	标记指数
ME	β−Mercaptoethanol	β − 巯基乙醇
NJ	Neighbour−Joining Method	邻接法
NGS	Next Generation Sequencing	新一代测序技术
PCR	Polymerase Chain Reaction	聚合酶链式反应
PIC	Polymorphic Information Content	多态性信息含量
PVP	Polyvinylpyrrolidone	聚乙烯比咯烷酮
Pi	Proportion of Polymorphic Loci	多态性比例
RAD−Seq	Restriction Site−Associated DNA Sequencing	限制性位点关联测序技术
RNAase	Ribonuclease	RNA 酶

英文缩写	英文全称	中文名称
SNP	Single Nucleotide Polymorphism	单核苷酸多态性
SSR	Simple Sequence Repeat	简单重复序列
SCoT	Start Codon Target Polymorphism	起始密码子区域多态性
Taq	Thermos Aquaticus DNA Polymerase	DNA 聚合酶
TBE	Tris–borate–EDTA Buffer	Tris– 硼酸 –EDTA 缓冲液
Tris	Tris（hydroxymethyl）Methyl Aminomethane	三羟甲基氨基甲烷

附图 1　新疆部分杏种质的花器官图片

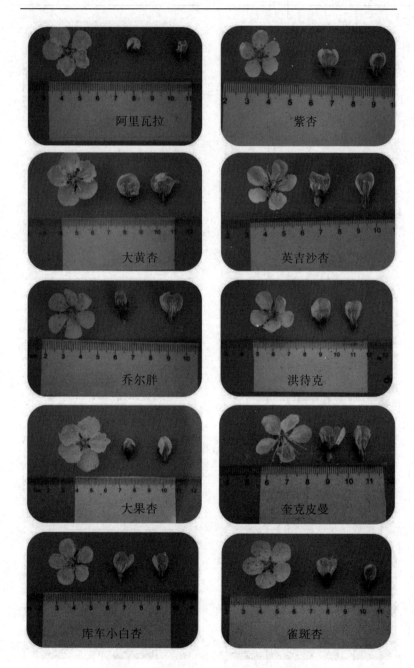

阿里瓦拉

紫杏

大黄杏

英吉沙杏

乔尔胖

洪待克

大果杏

奎克皮曼

库车小白杏

雀斑杏

附图 2 新疆部分杏种质的花器官图片

附图 3　新疆部分杏种质的果深图片

图图4　新疆部分杏种质的果实图片

附图 5　新疆部分杏种质的果实图片

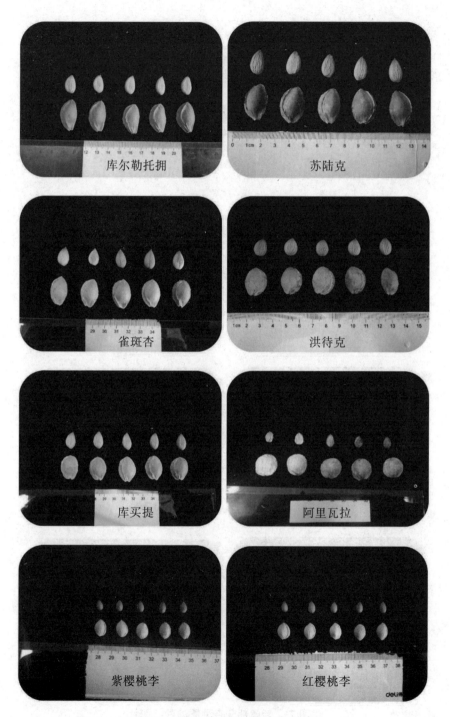

附图6 新疆部分杏种质的种核图片

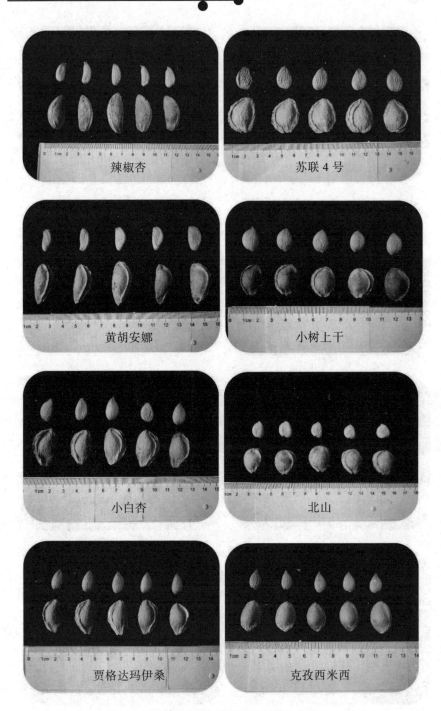

附图7　新疆部分杏种质的种核图片